UiPath 実用入門

ロボットにまかせて
業務を自動化！
仕事がはかどる
RPA使いこなし術

奥井康弘

株式会社ティージェイ総合研究所

技術評論社

はじめに

RPA／UiPathの世界へようこそ

ここ数年、デジタルトランスフォーメーション(DX)というキーワードが使われるようになり、企業や組織でのオフィスワークにも変革の波が押し寄せています。ディープラーニング、ビッグデータ解析などに基づく人工知能(AI)の発達という技術革新の中で、私たちの仕事のあり方が変わろうとしているのです。

本書の対象分野であるRPA(ロボティック・プロセス・オートメーション)は、通常は人間が行う業務をコンピュータ(ロボット)によって自動化するというものですが、RPAを「作業のデジタル化」と捉えれば、RPAはDXの実現手段の一つとなります。

コンピュータとは、単純な定型の「作業」を行うのに適したツールです。電力が提供される限り、昼夜を問わず作業を続けられますし、疲れて間違った操作をしてしまうということもありません。ただし、どのような作業をどのような手順で行わせるかを決めるのは人間です。これは人間が「理知」を持っているからできる事柄です。コンピュータは、自身で何かを決めることはできません。

RPAは、人間が「理知」を働かせて業務を分析し、対応するワークフローをプログラムすることによって、コンピュータに「作業」を行わせるという、「人間」と「コンピュータ」の役割分担の中で機能するものです。そのような形でRPAを活用すれば、人間はより創造的な仕事に注力することができるようになります。これによってオフィスの仕事のあり方を変革するDXが実現されるのです。

本書が解説するUiPathは、人間が設計した「作業」のフロー(ワークフロー)をビジュアルで簡便な操作でプログラムすることができる優れたRPAツールです。そのUiPathを習得するために、本書は、**習うより慣れよ**という方針で、とにかく**手を動かしてUiPathのプログラミングを行い、UiPathのワークフロー開発を体得する**ことを目標にしました。

本書は、UiPathによる基本的な開発作業を大枠で理解することを目指しているので、指定項目や機能を網羅的に説明するものではありません。そのような情報はUiPathの公式サイトなどで得ることができるでしょう。まずは、本書でUiPathのプログラミング技法を一通り習得すれば、そのようなWebサイトの情報の意味を理解し活用することができるようになりますので、必要に応じてそれらの情報を参照するなどして、皆さんの利用シーンに合ったUiPath開発の技術を発展させてください。

RPA／UiPathの理解の第一歩として本書をお使いいただくことが、皆さんのオフィスでのDX実現の一助となるよう心より願っています。

本書執筆にあたっては、技術評論社 第2編集部の緒方研一氏には、原稿の内容についてのさまざまなご指摘・ご提案をいただくなど、本書をこのような形に仕上げる上で多大なるご協力をいただきました。この場をお借りして感謝申し上げます。

2021年6月
株式会社ティージェイ総合研究所
奥井康弘

本書を読み進めるための準備

本書ではUiPath Studioのワークフローを読者の皆さんに作っていただきながら話しを進めます。

●本書の作業用フォルダーの構成

UiPathのデフォルト設定では、ユーザーアカウントの「ドキュメント」フォルダーの配下に「C:¥Users¥ユーザー名¥Documents¥UiPath」フォルダーが自動生成され、UiPath Studioで新規プロジェクトを作成すると、その下に個々のワークフローのプロジェクト名が付されたフォルダーが生成されます。そしてその中にMain.xamlファイルなど関連するファイル群が格納されます。

このように自動的に生成されるフォルダーとは別に、本書では、読み込むファイルを入れるUiPathTestフォルダーを下記のように固定的に定めていますので、そのフォルダーはCドライブ直下に予め作成しておいてください。

図　ご用意いただくフォルダー構成

```
C:¥UiPathTest
 ├─ sendMail
 └─ receiveMail
```

なお、次に説明する本書のサンプルファイルの中に「UiPathTest」フォルダーが入っています。こちらをCドライブ直下にコピーしていただくと、上記のフォルダー構成に沿っており、便利です。

●サンプルファイルのダウンロード

本書で作成するワークフローや、動作確認に使用するサンプルファイルを、本書のサポートページからダウンロードすることができます。ワークフローの模範回答として、あるいは作成していてわからなくなった場合などの確認用にお使いください。

・**本書のサポートページ**
https://gihyo.jp/book/2021/978-4-297-11839-6/support

ダウンロードしたファイル「UiPathサンプル.zip」は、PC上のお好きなフォルダーに展開してください。

展開すると以下のフォルダー構成で、「プロジェクト」フォルダーにはワークフローのプロジェクトのフォルダーがそれぞれの章ごとに入っています。その中にワークフローの実態であるMaim.xamlファイルなどが格納されています。

「データ」フォルダーの中には「UiPathTest」フォルダーがあり、本書でワークフローを作成するときに使うファイルが入っています。

図 「UiPath サンプル .zip」展開後のフォルダー構成

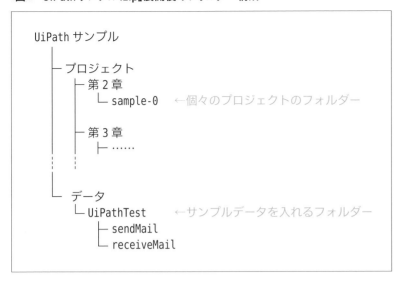

```
UiPath サンプル
├─ プロジェクト
│  ├─ 第 2 章
│  │  └─ sample-0      ←個々のプロジェクトのフォルダー
│  │
│  ├─ 第 3 章
│  │  ├─ ……
│  ┊
│  └─ データ
│     └─ UiPathTest    ←サンプルデータを入れるフォルダー
│        ├─ sendMail
│        └─ receiveMail
```

　繰り返しになりますが、この「UiPathTest」フォルダーをまるごと C ドライブ直下にコピーしてお使いいただくと、そのまま本書の作業を進めることができて便利です。

● **個別の注意事項**

・第 7 章の「Web データ取得」と第 10 章の「セレクターとアンカー」を実行する前に、必ず 7.1.1 項、7.1.2 項の設定を行い、Chrome が扱えるようにしてください。

・第 8 章のメール送受信関連のプロジェクト、サンプルファイル（メール送付リスト .xlsx）では、メールアドレスやサーバー設定に関する部分に実際の値を入れていませんので、本書の手順でご自身のメール環境の設定値を入れてお使いください。

・第 11 章で、C:¥UiPathTest にプロジェクト「摂氏華氏変換」を作成しますが、すでにそのフォルダーがあると、同名のプロジェクトが存在するということで新規プロジェクトを作成できません。このため、ダウンロードサンプルの「UiPath サンプル¥データ¥UiPathTest」には「摂氏華氏変換」フォルダーを入れていません。その代わり「UiPath サンプル¥プロジェクト¥第 11 章」に入れてあります。11 章での操作を自分で行わずに「外部ワークフロー呼び出し」のテストだけしたい場合は、この「摂氏華氏変換」フォルダーをC:¥UiPathTest にコピーしてご利用ください。

・第 11 章の「ライブラリ呼び出し」プロジェクトは、「11.2.3　ライブラリのインストール」で説明する設定とインストールを行う必要があるため、サンプルファイル「UiPath サンプル .zip」には含まれていません。

目次

第1章　RPAとUiPath

第2章　UiPath Studioの基本操作

第3章　ワークフローを作成するための基礎知識

第4章　GUI操作の自動化とレコーディング

第5章　Excelファイルへの入出力

第6章　動作を確認しながらワークフローを作成する

第7章　Webページからデータを取得する

第8章　メール操作の自動化

第9章　PDFファイルを扱う

第10章　セレクターとアンカーのしくみ

第11章　ワークフローのモジュール化と共有

第12章　システム例外に対処する

13章　ロボットの実行とOrchestratorの活用

第1章

RPAとUiPath

この章で、RPAとは何か、私たちの抱える作業負荷の軽減にどう役立つのか、そしてRPA製品としてのUiPathについて紹介します。

1.1　RPAとは

　私たちの働き方を変え、社会活動を高度化させるためのキーワードとして注目されているのが **RPA** です。RPA とは「ロボティック・プロセス・オートメーション（Robotic Process Automation）」の略称で、その名が示すように、PC を使った日常オフィス業務（プロセス）を人手ではなく、"ロボット"に自動的にやってもらう仕組みのことです。

　ロボットといっても、人間の姿をした機械が、机に向かって仕事をするということではありません。その実態は、PC 上のプログラムです。それが、あたかもロボットが操作しているかのように、Excel ファイルや Web のホームページを開いたり、そこからデータを読み込み、さらにそこにデータを書き込んだりしてくれることを指して、"ロボット"と呼んでいるのです。

　RPA を導入する目的は、単純作業をロボットにまかせて、空いた時間を人間でしか行えない別の作業に振り向けることにあります。そうすることで、オフィスで働く個々の人たちの労働によって生み出される価値が高まり、企業、そして社会全体の生産性が高まることが期待できます。

1.1.1　RPAによる業務負荷の軽減とその活用シナリオ

　RPA が特に威力を発揮するのは、決まった手順で単純な操作を行う PC 上の作業の自動化です。私たちが普段の作業の中で、「手順が決まった単純作業なんだけど、誰かがやってくれれば助かるのになあ」と思うものがいくつかあるでしょう。例えば、次のようなものです。

- ・Excelを開いて、その中のデータを読み取って別のExcelに転記する
- ・手元の請求書PDFをまとめて、振込先ごとに合計金額を出してExcelにまとめる
- ・Webのホームページを開いて、その中の情報を抽出してまとめExcelに書き込む
- ・メールを受け取って、仕分けしたり、添付ファイルをダウンロードする

　これらをコンピュータが私たちの代わりに実行してくれる。これが RPA なのです。

1.1.2　RPAツール「UiPath」

　本書で解説していく **UiPath** は、世界中で普及している RPA ツールです。2005 年にルーマニアで誕生しました。RPA ツールは世の中に多数存在しますが、UiPath はその中でもわかりやすいユーザーインターフェース、扱いやすさより、ロボットに実行させるワークフロー（作業シナリオ）を作りやすい、と高い評価を得ています。また、ワークフローを定義したり、そのテスト・修正作業をサポートするのに便利な機能を数多く持ち合わせています。

　本書ではこれらの使い方を丁寧に解説していきます。

1.2 UiPathの全体構成

UiPathは、「開発」「実行」「管理」を担当する次の3つの主要ツールから構成されています。

- UiPath Studio（開発）
- UiPath Assistant（実行）
- UiPath Orchestrator（管理）

1.2.1 UiPath Studio

UiPath Studio（スタジオ）は、"ワークフロー"を作成（デザイン）するツールです。UiPathの「開発」を担当します。

"ワークフロー"とは、ロボットにPC上の操作を行わせるための作業シナリオを表現したプログラムのことです。

図 UiPath Studioでのワークフロー開発の画面

1.2.2　UiPath Assistant

UiPath Assistant(アシスタント)は、UiPath Studioを使って開発されたワークフローをロボットに実行させるツールです。UiPathの「実行」を担当します。

　作成されたワークフローは、**パッケージ**という形で公開(パブリッシュ)されますが、これをロボットが実行することによって、実際のPC作業が行われます。

　ロボットに対して、実行するワークフロー(プロセス)の選択、実行指示、Orchestrator接続の設定などを行うのがUiPath Assistantの役割です。

図　UiPath Assistantの画面

1.2.3　UiPath Orchestrator

UiPath Orchestrator(オーケストレーター)は、作成したロボットを起動したり稼働状況を一元管理するためのツールです。UiPathの「管理」を担当します。

　おもに、開発したワークフローをオフィス内に展開するときに使います。UiPath Orchestratorは、インターネット上のクラウドサービスであるUiPath Automation Cloudの中で提供されています。

図 UiPath Orchestrator の管理画面

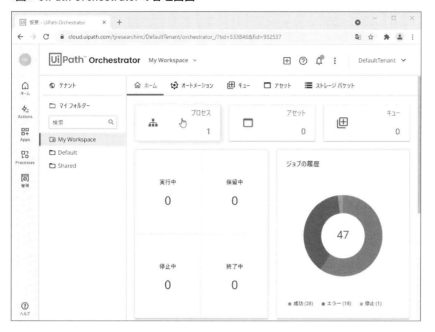

1.3 本書の目的

　UiPathを始めとするRPAツールは、私たちの抱える仕事を代わりにこなしてくれます。Webなどの画面上をクリックするだけのような作業であれば、UiPathでも提供している「レコーディング」という形で、操作を覚えさせることもできますが、それだけで実用的な作業を行うことは難しいでしょう。

　ある程度複雑な作業をコンピュータに行わせるには、やはり必要最小限の「プログラミング」を避けて通ることはできません。詳しくは「3.2　UiPathと.NETフレームワーク」で説明しますが、UiPathはマイクロソフトの.NETフレームワークのVBやC#というプログラミング言語を使ってビジュアルにロボットの動作を記述するためのツールです。

　プログラミングを正確に行うには、一般的なフローチャートの手法を理解していると助けになります。UiPathのワークフローも、プログラミング技法のフローチャートをUiPathのGUIを使ってビジュアルに表現したものと捉えることができます。

1.3.1 UiPathのワークフロー

　プログラミングを正確に行うには、一般的なフローチャートの手法を理解していると助けになります。コンピュータは、一つ一つの仕事の単位をつなぎ合わせ、その流れ（フロー）をシナリオとして作ることによって、それに沿って動くものです。

　UiPathではロボットに行わせる一連の処理を**ワークフロー**、一つ一つの「仕事の単位」を**アクティビティ**と呼んでいます。UiPathの開発画面では、このアクティビティを処理の順番につないで並べていくことでワークフローが出来上がります。

　たとえば、次のようなA、Bという2つのアクティビティがあったとします。

- **A：ユーザーに自分の名前を入力してもらう**
- **B：それを画面に（ダイアログボックスで）表示する**

　これを単純に「A⇒B」と並べるだけで一つのワークフローが出来上がります。

　でも、実際の作業では、入力された値が空っぽだったら再入力を促すなどの処理を行いたいでしょう。すると、

- **A：ユーザーに自分の名前を入力してもらう**
- **B：入力した文字列が空欄かどうかを判別する。空欄だったらAに戻る、そうでなければCに進む**
- **C：それを画面に（ダイアログボックスで）表示する**

　というようなアクティビティを用意することになります。このように、条件によって処理の流れを変えるようなことを図としてうまく表現するのがフローチャート（流れ図）です。UiPathのワークフローは、このようなフローチャートをUiPathのGUIを使ってビジュアルに表現したものと捉えることができます。

1.4 UiPathの用語

1章の最後に、本書でUiPathの説明をするにあたって出てくる用語についてまとめておきます。

表

ワークフロー	UiPath Studioで、フローチャートのような形式で表現した、ロボットに実行させたい処理の流れ
プロセス	ワークフローが集まった実行単位
プロジェクト	プロセスと同義で使われることも多いが、プロセスを実行するために必要なすべてのファイルをすべてまとめたもの。これに対応するフォルダーが規定の位置に作成される。おもに下記のものが含まれている。 ・実行する起点となるワークフローを記述したMain.xaml ・[ワークフロー ファイルを呼び出し(Invoke Workflow File)]アクティビティによってMain.xamlから呼び出される他のすべてのワークフローの.xamlファイル ・ワークフローに表示されている処理対象のGUIの画面キャプチャを入れた、.screenshotsフォルダー ・プロジェクトに関する情報を含むproject.jsonファイル
フローチャート	ワークフローの一つの形態。条件によって処理を分岐させたり、前の処理に戻したりするような複雑な処理を表現するためのワークフロー
シーケンス	ワークフローの一つの形態。アクティビティを直線的に順次配置することによって、処理を行うためのワークフロー
パッケージ	プロセスをロボットが実行できるデータ形式で格納したもの
パブリッシュ	UiPath Studioで作成したプロセスをパッケージ形式でPC上に出力すること。あるいはOrchestratorのクラウド上にアップロードすること
アクティビティ	ロボットに実行させたい処理の最小の単位(Webページを開く、クリックする、変数に値を代入する、など)。UiPathには多種多様なアクティビティが用意されており、順次拡充されている。ユーザーがカスタムアクティビティを作ることもできる
UI要素	ウィンドウ、チェックボックス、テキストフィールド、ドロップダウンリストなど、操作の対象となるWebサイトやExcelなどのアプリケーションのGUI内の個々の部分
セレクター	操作対象となるUI要素を指定するためにUiPathがWebページやアプリケーションの内部で、そのUI要素を探して到達できるような情報をXML記法を使って表したもの
変数	ワークフローでデータの読み・書き・加工を行うために、対象となるデータを一時的に格納する場所。処理対象となるデータを区別するために名前を付けて扱う
レコーディング	ユーザーが行ったマウスやキーボードの操作をその通りに記録し、それらに対応するアクティビティを配置してワークフローを生成させる機能

第2章

UiPath Studioの基本操作

この章では、UiPathのインストール方法、および、それを使うために知っておかなければならない画面構成、基本的な操作法を説明します。

2.1 UiPath Studioのインストール

それではさっそくUiPathを利用する準備をしていきましょう。UiPathには無償で利用できるコミュニティ版と、有償のエンタープライズ版があります。いずれもUiPath社が提供するクラウド環境「UiPath Automation Cloud」を利用するため、最初にUiPath Automation Cloudのユーザー登録を行う必要があります。

ほかにも、エンタープライズ版にはオンプレミス環境で利用できる「Enterprise Server」もありますが、本書では無償で利用できるコミュニティ版を用いて解説を進めていきます。

2.1.1 UiPath Automation Cloudへの登録とUiPath Studioの入手

最初に、UiPath Automation Cloudへの登録を行います。ここではメールアドレスで登録する方法を紹介しますが、下記のアカウントをお持ちの方は、そのアカウントを利用して登録することもできます。

- Googleアカウント
- Microsoftアカウント
- LinkedInアカウント

登録画面に移動するには、以下のいずれかの入口があります。

- UiPath社のトップページ(https://www.uipath.com/ja/)の右上の[トライアル開始]ボタン
- UiPath Automation Cloud紹介ページ(https://www.uipath.com/ja/product/automation-cloud)の右上の[トライアル開始]ボタン
- UiPath Automation Cloud紹介ページ(https://www.uipath.com/ja/product/automation-cloud)を下にスクロールした箇所にある「無料のコミュニティクラウドに登録」のリンク

あるいは、直接ブラウザで「https://www.uipath.com/ja/community」を指定することもできます。

UiPathのトップページ(https://www.uipath.com/ja/)にある[トライアル開始]をクリックします。

あるいは、UiPath Automation Cloudの紹介ページの右上の[トライアル開始]ボタンも一つの入口です。

さらに、このページを下にスクロールした箇所にある「無料のコミュニティクラウドに登録」のリンクを押すこともできます(次の手順の登録画面はこのときに出るものです。これ以外のリンクからは、登録画面の左側が「UiPath Platform」となっています(執筆時点))。

右側に「UiPath Automation Cloud for communityに登録」と表示されていることを確認して、[メールアドレスで登録]をクリックします。

なお、入口によっては左側が「UiPath Platform」となっている場合もありますが、問題ありません。ただし、「UiPath Automation Cloud for enterprise」となっている場合は、Enterprise版なのでやり直してください。今回使うのはCommunity版です。

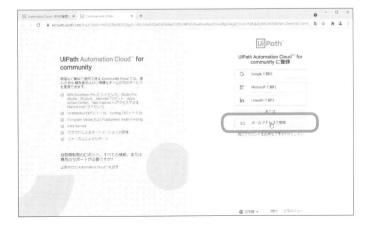

姓名、国、メールアドレス、パスワード
を設定して、「ライセンス条項および利
用ポリシーに同意します」にチェックを
入れて、[登録]ボタンをクリックしま
す。

※まれに[登録]ボタンをクリックした後、「Sign Up」という画面から切り替わらない場合がありま
す。このような状態でも登録が完了している場合がありますので、いったん登録したメールア
ドレスに確認メールが届いていないか確認してみてください。確認メールが届いていればこの
画面は閉じて、登録の続きを進めて問題ありません（2つ先の手順に進んでください）。

「メールの確認が保留中です」と表示され
るので、登録したメールアドレスの新着
メールを確認します。

「メールアドレスをご確認ください」とい
うメールを開き、[メールアドレスを確
認]をクリックします。

UiPath Automation Cloudのページが
表示されて、ユーザー登録は完了です。
このまま、[Studioをダウンロード]を
クリックすると、UiPath Studioのセッ
トアップファイルをダウンロードできま
す。

※日本語以外で表示される場合は、左上にあるユーザー設定ボタンを押して、表示言語を変更す
ることができます。

これで、UiPath Studioをインストールする準備が整いました。

2.1.2　UiPath Studioのインストール

続けて、UiPath Studioをインストールしていきます。先ほどの続きであれば、ブラウザがダウンロードした
ファイルとして表示している状態で「UiPathStudioSetup.exe」をクリックするのが最も簡単です。そのような表
示がない場合は、ダウンロードしたexeファイルを探してダブルクリックしてインストーラを実行します(通常は
Windowsの「ダウンロード」フォルダー内にあります)。

ダウンロードしたセットアップファイル
(UiPathStudioSetup.exe)をクリック
すると、インストールとセットアップが
始まります。

「サインインして開始する」画面が表示されたら、[サインイン]をクリックします。

「UiPathを開きますか？」というダイアログが表示される場合は、[UiPathを開く]をクリックします。

「テナントに接続」という画面を経て、「プロファイルを選択」画面になります。ここでは[UiPath Studio Pro]を選択します。

インストールが完了し、UiPath Studio
が起動します。「Studioへようこそ」の
画面が手前に表示されるので、[閉じる]
をクリックすればUiPath Studioのスタ
ート画面になります。

これでWindowsにUiPath Studioをインストールできました。

2.1.3　UiPath Studioの起動

　インストールが完了した直後はUiPath Studioが起動した状態となっていますが、通常時はスタートメニュー
に追加された「UiPath Studio」を選択して起動します。

図　UiPath Studioの起動画面

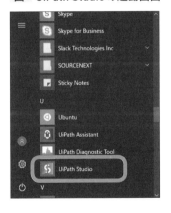
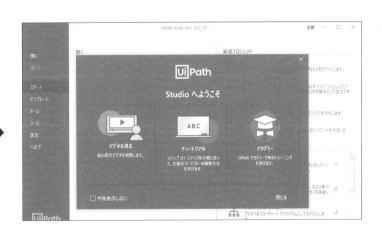

　起動すると、「Studioへようこそ」という画面が表示されます。UiPathの紹介ビデオやチュートリアルなどが
利用できますので、興味のある方は利用してみてください。
　ちなみに、UiPath Studioのインストール時に一緒にスタートメニューに登録されているのが「UiPath
Assistant」と「UiPath Diagnostic Tool」です。UiPath Assistantは、UiPathロボットを利用するためのアプリ
ケーションです。また、UiPath Diagnostic Toolは、UiPathの動作に関する診断情報を収集するツールです。な
お、UiPath Diagnostic Toolについては本書では扱いません。

2.2　簡単なプロジェクトの作成

　これでUiPathの開発環境が整いました。UiPath Studioの画面構成なども気になるところですが、まずは簡単なプロジェクトを作成して、UiPathで処理を自動化する流れを見ていきましょう。

　UiPathでワークフローを開発し、チームや組織内で共有する際の一般的な作業手順は、おおむね以下のような流れとなります。

① プロジェクトを作成する
② アクティビティを組み合わせてワークフローを構築する
③ ワークフローを実行して、必要に応じてデバッグする

📋【作成するプロジェクト】sample-0

2.2.1　プロジェクトの作成

右側に表示されている[新規プロジェクト]の中にある[プロセス]をクリックします。

プロセスとして作るプロジェクトの「名前」「場所」「説明」を加えます。ここでは名前を「Sample-0」として[作成]をクリックします（場所や説明はそのままでかまいません）。

Sample-0プロジェクトが作成された
ら、真ん中にある[Mainワークフローを
開く]をクリックします。

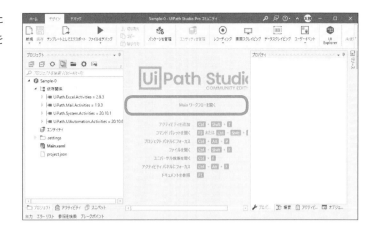

[Main]タブが開き、ワークフローを作
ることができるようになります。この中
央の作業領域のことを「デザイナーパネ
ル」といいます。

2.2.2 ワークフローを構成する各種アクティビティの配置

UiPath Studioでは、この中央のデザイナーパネルにアクティビティを配置することによってワークフローを
作り上げます。例として、指定したテキストをメッセージボックスの中に表示するワークフローを作成してい
きます。

左下の[アクティビティ]タブをクリック
して、アクティビティパネルを表示しま
す。

アクティビティパネルの検索フィールド
に「シーケンス」と入力すると、パネルに
[シーケンス]アクティビティが現れま
す。

※これ以降は特に明記しませんが、所望のアクティビティについてはこのように検索フィールド
　を使って探すと便利です。

アクティビティパネルから、[シーケン
ス]アクティビティをデザイナーパネル
にドラッグ＆ドロップで配置します（[シ
ーケンス]アクティビティについて、詳
細は第3章で解説します）。

配置した[シーケンス]アクティビティの
中に[メッセージボックス]アクティビ
ティを配置します。
配置すると「！」マークが表示されます
が、これは指定内容が正しくない（メッ
セージボックスの指定が正しくない）こ
とを示しています。

[メッセージボックス]アクティビティ
に、表示したいテキストを二重引用符（"）
で囲んで指定します（図では「"これはメ
ッセージのテストです"」と入力していま
す）。これで「！」マークも消えます。

　これだけの手順で、メッセージボックスにテキストを表示するとても簡単なワークフローが完成しました。
　なお、直近のUiPath Studioでは最初に[シーケンス]を配置する手順を省略できるようになっています。先の
例であれば、最初から[メッセージボックス]を配置しても構いません（それを囲むように[シーケンス]が自動的に
生成されるようになっています）。どちらの手順で作業しても結構です。

2.2.3 ワークフローを実行してみる

　それではさっそく作成したワークフローを動かしてみましょう。ワークフローの動作を確認するには、UiPath
Studioのデバッグ機能を利用するのが便利です。

デザインリボン上の[ファイルをデバッ
グ]をクリックします。

　画面のタブが[デバッグ]に切り替わり
ます。デバッグ実行中の画面では、左上
がローカルパネル、左下が出力パネルと
なり、出力パネルには「Sample-0の実
行が開始されました」というメッセージ
が現れて、実行の様子を見ることができ
ます。

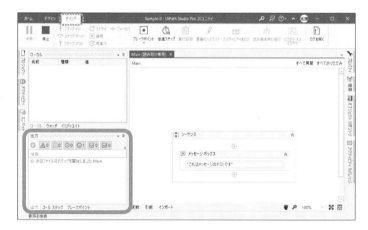

設定したテキストを表示するメッセージ
ボックスが表示されました。

●作成したワークフローを保存する

デザインリボンの[保存]ボタンをクリックすると、作成したワークフローが保存されます。

図　ワークフローを保存する

2.2.4　保存したワークフローを開く

　Studioを使って、プロジェクトを新規に用意してワークフローを作成していく手順を説明してきましたが、ワークフローの作成を途中で中断し、後で作業を再開したい場合もあるでしょう。また、完成したプロジェクトを編集したり、不具合を修正することもあります。

　保存したプロジェクトを開く方法はいくつかあります。

●「最近使用したプロジェクトを開く」から開く

　UiPath Studioを起動すると、スタート画面に「最近使用したプロジェクトを開く」欄があります。ここに最近編集したプロジェクトが一覧されるので、そこから該当するプロジェクトを選択してクリックするとワークフローが開きます。この中に表示されている場合はこれが一番手軽な方法です。

図　最近使用したプロジェクトを開く

●「ローカルプロジェクトを開く」から開く

「最近使用したプロジェクトを開く」に表示されていない場合は、「ローカルプロジェクトを開く」をクリックして、該当のプロジェクトファイルを探します。

「ローカルプロジェクトを開く」をクリックすると、UiPath Studioがデフォルトで使用するフォルダー（C:¥Users¥ユーザー名¥Documents¥UiPath）の下の何らかのプロジェクトの内容が表示されるので、エクスプローラで一つ上の階層（UiPath）に上がり、該当するプロジェクト名のフォルダーを探します。見つけたらそのフォルダーを開き、中にあるプロジェクトファイル「project.json」またはワークフローファイル「Main.xaml」を選択して開きます（プロジェクトを別の場所に保存した場合はその場所まで移動して開いてください）。

図　ローカルプロジェクトを開く

●直接開く

エクスプローラでプロジェクトが格納されているフォルダーまで行き、そこにある拡張子が「.xaml」のファイル（ワークフローの実体ファイル）を直接ダブルクリックすることでもプロジェクトを開くことができます。

UiPath Studioが起動していない場合は、UiPath Studioごと起動し、プロジェクトが開きます。メインのワークフローは、名前を変更していなければ「Main.xaml」です。

図　Main.xamlを直接開く

2.3 作成したプロジェクトの格納先

ここまでUiPathで作業する流れを見てきました。ところで、UiPath Studioで作成したプロジェクトや、ワークフローに関連するデータはどこに格納されているのでしょうか。

Windows 10の場合、ユーザーのドキュメントフォルダ配下に「UiPath」フォルダーが作成され、以下のようにプロジェクト名「Sample-0」のついたフォルダーが作成されます。

図　UiPathフォルダーの内容

さらに「Sample-0」の中を見ると以下の2つのファイルが含まれています。

・Main.xamlファイル
・project.jsonファイル

図　プロジェクトフォルダーの内容

これらのファイルについて、少し見ていきましょう。

2.3.1 Main.xamlファイル

　このMain.xamlファイルが、いわばUiPathプログラムのソースファイルです。ワークフローなどが記述された XAML ファイルとなっています。XAML とは、Extensible Application Markup Language の略称で、アプリケーションのUI開発のための記述言語です。

　UiPath のデザイナーパネルで作成・編集の対象となるのが XAML ファイルです（デザイナーパネルのタブに「Main」と表示されていたのは、このMain.xamlのことだったのです）。UiPath Studio インストール時に拡張子の関連づけが登録されているので、このMain.xamlをダブルクリックすることでUiPath Studio を起動することもできます。

2.3.2 project.jsonファイル

　project.json ファイルには、プロジェクトに関する情報が記述されています。これはJSON（JavaScript Object Notation）という形式で記述されたテキストファイルなので、メモ帳などのテキストエディターで開くことができます（先の XAML ファイルもテキストファイルなので、同様にメモ帳などで開くことができます）。

図　プロジェクトに関する情報を記述したproject.json ファイル（抜粋）

　このうちのおもなフィールドについて簡単に触れておきます。

表　project.json ファイルのおもなフィールド

フィールド名	説明
name	新規プロジェクトを作成したときの「名前」が入る
description	新規プロジェクトを作成したときの「説明」が入る
main	プロジェクトのメインとなるXAMLファイル（複数のXAMLファイルで構成されるプロジェクトでは、その起点となる）。パブリッシュの際、ここに書かれたXAMLファイル（およびそこから呼び出されたXAMLファイル）を使ってパッケージが生成される
dependencies	使用可能なアクティビティのパッケージ（Excelパッケージなど）
studioVersion	このプロジェクトを作成したUiPath Studioのバージョン
projectVersion	プロジェクトのバージョン。初期値は「1.0.0」でパブリッシュするたびに1つ上がる

　このように、プロジェクトのさまざまな管理情報がここに記述されており、これを手掛かりにUiPath Studio が動いていることがわかります。

2.4 UiPath Studioの画面構成

簡単なプロジェクトを作成する流れの中ですでに説明にも登場しましたが、ここで改めてUiPath Studioの画面構成を説明します。UiPath Studioの画面は、大きく5つの領域に分かれています。

- ・リボンタブおよびリボン表示領域(❶)
- ・デザイナーパネル(❷)
- ・左側のパネル表示領域(❸)
- ・右側のパネル表示領域(❹)
- ・下側のパネル表示領域(❺)

図　UiPath Studioの画面構成

画面上部(❶)に配置されたリボン以外は、すべて機能ごとに「パネル」という単位に分けられています。作業の中心となるのが❷のデザイナーパネルで、その作業内容に合わせて左右や下(❸〜❺)のパネルを切り替えながらワークフローの作成を進めていく、というのがUiPath Studioでの基本的な作業となります。

2.4.1　リボンタブおよびリボン

UiPath上部のリボンタブで、ホーム画面、デザイン作業用のリボン、デバッグ作業用のリボンを切り替えることができます。

●スタート画面

　[ホーム]タブをクリックすると、UiPathのスタート画面に切り替わります。スタート画面では、新規プロジェクトの作成を開始したり、作成済みの既存プロジェクトを開くといった操作を行うことができます。

図　スタート画面

●デザイン用のリボン

　[デザイン]タブをクリックすると、ワークフローの作成を行うのに便利なツールや機能を集めたリボンが表示されます。それぞれのボタンについて簡単に説明していきます。

図　デザイン用のリボン

表

新規	タイプ別に新しいワークフローを新規作成する
保存	作成したワークフローを保存する
テンプレートとしてエクスポート	作成したワークフローをテンプレートとして保存する
ファイルをデバッグ	作成したワークフローをデバッグ実行する
切り取り／コピー／貼り付け／元に戻す／やり直す	ワークフロー内のアクティビティ編集のための切り取りやコピーなどの操作メニュー
パッケージを管理	特定の目的のアクティビティをまとめたパッケージをインストールする

エンティティを管理	UiPath Data Serviceに接続して、登録してあるエンティティのインポートや操作を行う
レコーディング	ワークフロー作成時のアクティビティ自動レコーディング機能を起動する
画面スクレイピング	ワークフロー作成時の画面スクレイピング機能を起動する
データスクレイピング	ワークフロー作成時のデータスクレイピング機能を起動する
ユーザーイベント	ユーザーによる特定のイベント（クリックやキー入力など）があったときにアクティビティを実行する
UI Explorer	セレクターを作成・編集するためのUI Explorer機能を起動する
未使用を削除	現在開いているファイルから未使用の変数を削除する
ファイルを分析	ファイルに検証エラーなどがないかどうかを確認する
Excelにエクスポート	ワークフローの情報（使われているアクティビティの名称や階層など）をExcelに書き出す
パブリッシュ	出来上がったワークフローをパッケージとしてパブリッシュする

●デバッグ用のリボン

　[デバッグ]タブをクリックすると、作成したワークフローをテストするのに便利なツールや機能を集めたリボンに切り替わります。それぞれのボタンについて簡単に説明していきます。

図　デバッグ用のリボン

表

ファイルをデバッグ	作成したワークフローのデバッグを実行する
停止	ワークフロー実行を停止する
ステップイン	現在のアクティビティの下の階層のアクティビティを実行する
ステップオーバー	現在のアクティビティをその内部のアクティビティを含めて実行し、同じ階層の次のアクティビティに移る
ステップアウト	現在のアクティビティと同じ階層にあるアクティビティをすべて実行し、親のアクティビティに戻る
リトライ	現在のアクティビティを再実行する
無視	例外を無視し、次のアクティビティから実行を続行する
再実行	最初のアクティビティから実行しなおす
フォーカス	実行ポイントにフォーカスする
ブレークポイント	実行を止めて変数などを確認したいアクティビティを指定する
低速ステップ	1倍速から最大4倍速の速さでデバッグを実行する（クリックを繰り返して1倍速、2倍速、3倍速、4倍速を設定する）
実行証跡	実行したアクティビティにチェックマークを証跡として付ける
要素を強調表示	Webページなどの操作対象を実行時に赤枠でハイライト表示する
アクティビティをログ	出力パネル、およびログファイルに、実行したアクティビティをログとして表示・記録する
例外発生時に続行	デバッグ中にシステム例外が発生しても無視して最後まで実行する
ピクチャ イン ピクチャ	ピクチャ イン ピクチャ（PiP）で実行する（要Windows Proエディション）
ログを開く	保存されているログファイルの入ったフォルダーを開き、ログファイルを読めるようにする

2.4.2　デザイナーパネル

UiPath Studioにおいて、ワークフローの作成など作業の中心となる中央部のスペースをデザイナーパネルと言います。デザイナーパネルについては、本書全体を通して触れていきますので、ここでは「真ん中にあるのがデザイナーパネル」ということだけ覚えておいてください。

2.4.3　左側に表示される主要なパネル

左側のパネル領域は、基本的にはアクティビティパネルを表示しておくことが多いでしょう。

●プロジェクトパネル

プロジェクトパネルには、プロジェクトに含まれるワークフローファイル（XAMLファイル）、UiPath Studioにインストールされて使用可能なアクティビティのパッケージ、プロジェクト構造を記述したproject.jsonファイルなどが一覧されます。

●アクティビティパネル

アクティビティパネルでは、ワークフローの部品となるアクティビティを選択します。上部には検索フィールドもあります。アクティビティの一覧は種類ごとに分類されてはいるものの、数が膨大になるため、使用するアクティビティの名称がわかっている場合は名称で検索することをお勧めします。完全に一致しなくても、その用語を含むアクティビティが一覧されるので便利です。

●スニペットパネル

　再利用できるワークフローを探すため
のパネルです。

2.4.4　右側に表示される主要なパネル

　右側のパネル領域は、プロパティパネルを利用することが多いでしょう。

●プロパティパネル

　プロパティパネルには、ワークフロー内のアクティビティ（のうち、現在選択されているもの）の動作を詳細に
定義するための情報（プロパティ）が表示されます。このプロパティの一部は、ワークロー内のアクティビティの
グラフィック表示の中で記述できるものもあります。

図　プロパティパネル

●概要パネル

概要パネルには、ワークフロー内のアクティビティの階層構造を表示することができます。これによって、全体を俯瞰しながらワークフローの処理のおおよその流れを把握することができます。

図　概要パネル

2.4.5　デバッグに関連した情報表示パネル

UiPath Studio画面下部にあるタブをクリックすると、デバッグに関連した情報を見ることができます。デバッグを実行した際には自動的に表示されるものもあります。

●出力パネル

[ファイルをデバッグ]ボタンを押してワークフローを動かした場合、そのデバッグの開始、終了、所要時間などが表示されます。

[1行を書き込み]アクティビティで指定したテキストもここに表示されます。

図　出力パネル

●エラーリストパネル

ワークフロー内にエラーが見つかると、その内容を表示してくれます。

図 エラーリストパネル

●ブレークポイントパネル

デバッグ用に設定したブレークポイントを一元管理するパネルです。ブレークポイントが設定されたアクティビティ名を確認したり、有効化／無効化できます（ブレークポイントについて、詳しくは第6章で解説します）。

図 ブレークポイントパネル

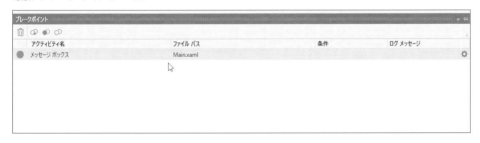

2.5 Automation Cloud/Orchestratorとの接続

UiPath Studioのインストールでは、まずUiPath Automation Cloudへのユーザー登録を行い、Automation Cloudにサインインしてからファイルを入手してインストールを行いました。その際にAutomation Cloud 内のサービスアプリケーションの一つであるOrchestratorへの接続（サインイン）も同時に行われるようになっています。

Orchestratorというのは、UiPath Studioで開発したワークフローを公開（パブリッシュ）し、自動化されたプロセスとして使えるようにしたり、そのようなプロセスを実行するロボットであるUiPath Assistantを管理して遠隔から操作するなど、オフィスや組織内でのUiPathの自動化運用の中心となる機能です。

OrchestratorとUiPath Asststantについては第13章で解説しますが、ここではサインインとサインアウトの方法について、簡単に説明しておきます。

2.5.1　Automation Cloudへの接続

●Automation Cloudへのサインイン

Automation Cloudには、ブラウザーで下記のURLにアクセスしてサインインを行います。

https://cloud.uipath.com/

使用しているブラウザーで一度でもサインインを実行したことがあれば、その時の情報をもとに「サインイン」画面が現れるので、パスワードを指定してサインインします。また、初めてアクセスしたブラウザーの場合は、右のサインイン画面が表示されるので、「メールアドレスで続行」をクリックしてサインインします。

UiPath Cloudにサインインすると、ホーム画面が現れます。

図　サインインしたことがある場合の画面（左）と、初めてアクセスした場合の画面（右）

● **Automation Cloudからのサインアウト**

Automation Cloudからサインアウトするには、画面左上のユーザーのアイコンをクリックして、［サインアウト］をクリックします。

この操作では、UiPath Cloudのユーザーとしてサインアウトする形になります。UiPath StudioやAssistantとOrchestratorとの接続状態には影響しません。

図　**Orchestratorからのサインアウト**

2.5.2　UiPath StudioとOrchestratorの接続

UiPath StudioからOrchestratorへの接続では、UiPath Automation Cloudユーザーの認証とOrchestratorとの接続（サインイン／サインアウト）をセットで行います。

なお、UiPath Studioと第13章で解説するUiPath Assistantの接続状態は連動しています。どちらで操作を行っても他方もサインイン（サインアウト）されます。片方だけサインイン（サインアウト）するということはできません。

● **UiPath StudioからOrchestratorへサインインする**

UiPath StudioをOrchestratorへ接続するには、UiPath Studioのタイトルバーにある人型のユーザーアイコンをクリックして現れる［サインイン］ボタンをクリックします。

※デザイン画面やデバッグ画面で人型の部分をクリックしてもプルダウンがすぐに消えてしまう場合は、[ホーム]タブをクリックしてホーム画面に移動して、サインイン(サインアウト)の操作を行ってください。

　次に、[サインインして開始する...]という画面が出るので、[サインイン]ボタンをクリックします。

　すると、ブラウザーが起動してAutomation Cloudへのサインインと同じ画面が現れるので、パスワードを入力してサインインします。なお、すでにAutomation Cloudにサインインしている場合は、パスワード確認の画面は飛ばされます。

　次に、ブラウザー上で「UiPathを開きますか」と聞かれるので、[UiPathを開く]ボタンをクリックします。

図　ブラウザー上で「UiPathを開きますか」と聞かれる

　その後は、「テナントに接続」という表示が出るので、そのまましばらく待てばサインインが完了します。「テナント」というのは、Orchestrator内のユーザーのロボット実行環境領域のことです。

Orchestratorに接続するとUiPath Studio上部のユーザーアイコンに、ユーザーの略称が表示されます。ここを見れば、UiPath StudioがOrchestratorに接続されているかどうかがわかります。

図　Orchestrator接続時のユーザーアイコン

●**UiPath StudioをOrchestratorからサインアウトする**

UiPath StudioとOrchestratorとの接続を解除（サインアウト）するには、UiPath Studioのユーザーアイコンをクリックして、[サインアウト]をクリックします。

図　Orchestratorからサインアウトする

すると「サインアウトしますか？」と聞かれるので、［サインアウト］ボタンをクリックします。さらに、ブラウザーでも「ログアウトしますか？」と聞かれるので、［ログアウト］をクリックします。

図　ログアウトの確認画面

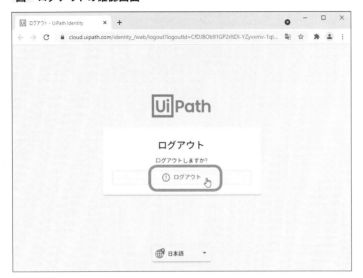

第3章

ワークフローを作成する
ための基礎知識

この章では、ロボットの動きを制御するワークフローの
書き方を説明します。

3.1 データ処理の基本要素

　パソコンでの作業を自動化しようと考えるとき、その対象となるコンピュータの基本的な動作は、データを「入力する」「処理する」「出力する」という3つの動作に集約されます。

●データを入力する

　データを入力するには、その対象が存在します。それはExcelのファイルであったり、PDFファイルやWebページなどが考えられます。また、実際にデータを入力する前に、「Excelファイルを開く」「Webページを開く」などの準備作業が必要です。欲しいデータが表示されたところで該当箇所を特定できたら、ようやくデータを読み取ることができます。

　具体的には、Excelであれば、ファイル名、シート名を指定するなどの操作があります。Webページであれば、ブラウザでURLを指定して最初のページを開き、リンクをたどる、検索する、ボタンやプルダウンメニューなどで選択する、といったGUI操作を行うことで欲しいデータが含まれているページにたどり着きます。

　また、UiPathではWebページの画面上の入力欄の位置を、それを表現した内部構造（HTMLの構造）を頼りに特定します。これを行うのがセレクター（10章参照）です。

●データを処理する

　単なるデータの転記であればこの工程は発生しませんが、たとえば、読み取ったデータが数値の場合、その累計をとる（個別伝票を集めて合計の数値を出す）などの「処理」を行います。文字列の加工などもデータの処理に該当します。

●データを出力する

　データを入力して処理した後には、その結果を出力します。ファイルへの書き出し、Webページへの入力、処理結果の画面表示など、自動化処理の結果を何らかの形でユーザーに提示します。

　具体的にはExcelの場合、シートのどのセルにデータを書き込むかを指定します。Web入力の場合は、どの入力欄にデータを入れるかを指定します。

　UiPathでは、このようなさまざまな操作をアクティビティとして用意し、それを組み合わせることによって自動化処理のワークフローを作っていきます。

3.2 UiPathと.NETフレームワーク

UiPathは、シーケンスやフローチャートというワークフローのパターンでアクティビティを連結し、自動化業務フローの構築を行うツールですが、プログラミング言語としては、マイクロソフトの.NETフレームワークで使われているVisual Basic.NET（VB.NET）やC#.NETをもとにしています。

そして、それらのコーディングをユーザーが行わなくても済むように、代入処理、条件分岐／選択処理、反復／繰り返し処理、などの処理をグラフィカルな表示で直感的に指定できるようになっています。.NETフレームワーク上のプログラム開発を、より視覚的に行えるようにしたのがUiPath、と考えることもできます。

したがって、UiPathを扱うためにユーザーが覚えなければならない（覚えると便利）のがVB.NETやC#.NETのデータ型です。これをもとに、UiPathの変数を定義します。

なお、VB.NETやC#.NETの文法や書式について解説するとそれだけで1冊の本になりますので、ここでは必要最低限にとどめます。マイクロソフトが公開しているドキュメントもあるので、これらも参考にしてみてください。

- ・Visual Basicのドキュメント
  https://docs.microsoft.com/ja-jp/dotnet/visual-basic/
- ・C#のドキュメント
  https://docs.microsoft.com/ja-jp/dotnet/csharp/

なお、本書の解説はStudio Pro、Studio、StudioXに共通して使えるVB.NETを用います（執筆時点でC#.NETはStudio Proのみサポートしています）。

3.2.1 変数とデータ型

UiPathに限った話ではありませんが、プログラミングを行ううえで変数は重要な役割を果たします。変数とは、データの格納場所であり、そのデータを参照するために、「変数の名前」と「データ型」を持ちます。

たとえば、何らかの名前を示すために「name」という変数を作った場合は、文字列を意味する「String型」で定義します。同様に、数字を示す「number」という変数を作った場合は、整数を意味する「Int32型」で定義します。また、行と列から構成される表形式のデータを表す「DataTable型」もよく使います。

図　データの格納場所としての「変数」

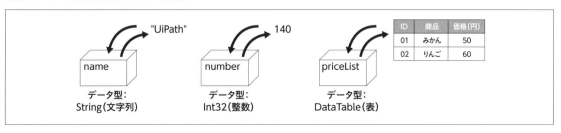

3.2.2 UiPathのデータ型

　UiPath Studioでは、頻繁に使用される代表的なデータ型についてはリストから選択できるようになっています。初期状態で利用できるデータ型は次のとおりです。

図　デフォルトで選択できる変数の型

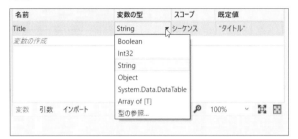

表

変数の型	説明
Boolean	True（真）かFalse（偽）のどちらかを表すためのデータ型
Int32	100、–200など、正負の整数を表すためのデータ型（小数などの実数を表すにはDouble型を使う）
String	"UiPath"など、文字列を表すためのデータ型
Object	特定の型を定めずに、どんな値でも格納できるデータ型（UiPathの処理系が格納された値を見て、その変数を使うときに自動的にデータ型を判定する。"ロボット"が格納されていれば文字列型、100であれば数値型など）
System.Data.DataTable	表形式のデータ型（行とセルから構成され、セルには数値や文字列などほかのデータ型の値が入る）
Array of [T]	配列を表すためのデータ型。選択すると、何のデータ型の配列かを指定するダイアログボックスが表示されるので、型を指定する。指定後は、Int32[ ]やString[ ]のような具体的なデータ型の配列としてデータ型が表示される
型の参照…	その他のデータ型を探すための検索画面を表示する（所望するデータ型の名称や手がかりとなる語を入れて検索する）

3.2.3 UiPathの演算子

　プログラミング言語は、変数を使って計算を行いますが、UiPathもさまざまな場面で変数の計算が必要です。このあと本書でも頻繁に使う［代入］アクティビティの右辺に「VBの式を入力してください」という説明が出てくることからもわかるように、これらはVB.NETが提供する演算子です。

　数値に関しては一般的な四則演算と同じイメージです。一例として、「+」（加算）、「–」（減算）、「*」（乗算）、「/」（除算）、「^」（べき乗）などが使えます。

　それ以外に「文字列の連結」などにも演算子を用います。たとえば、String型の変数nameに自分の名前の文字

列が格納されていたとすると、次のような文字列連結演算を行うことができます。なお、文字列を直接指定する場合には、2重引用符「""」で文字列を囲みます。

"私の名前は" + name + "です。"

3.2.4　UiPathのメソッド

UiPathで使うメソッドとは、各データ型に対してVB.NETが用意している関数のことです。たとえば、整数のInt32型には、整数を文字列に変換するメソッド「ToString」が用意されています。

メソッドを使うには、変数の後にドット「.」を書き、その後にメソッド名を書きます。たとえば下記のように使うことで、numberの数値を文字列として扱うことができます。

"私は、" + number.ToString + "冊の本を持っています。"

UiPathでは、変数の後にドットを入力することで、使えるメソッドを一覧表示してくれるので便利です。

図　変数で使えるメソッドが一覧表示される

このように、データ型に用意されたメソッドを使うことができる一方で、望む処理を行うメソッドがない場合もあります。

たとえば、ユーザー入力やファイルに書かれている、数値を表す文字列を取得した後で、数値計算するために文字列から数値への変換を行いたい場合があります。ToStringメソッドがあるのですから、その逆方向のメソッドがあることを期待しますが、それは存在しません。このような場合には、VB.NETの関数「CInt」を使うことになります。この点は覚えておくしかありません。

C#を用いたワークフロー開発

　UiPath Studio Proでは、VBのほかにC#にも対応するようになりました（本書執筆時点ではStudioとStudioXは未対応）。使用する言語は、新規にプロジェクトを作成開始する際の、最初の画面で選択できます。

図　使用する言語の選択

　VBよりもC#のほうが得意という方はぜひお試しください。ご参考までに、第8章のダウンロードサンプルにある「Excelリストによるメール送信C＃版」プロジェクトは、C#で式を記述したものとなっています。

　なお、プロジェクト内の言語がVB、C#のどちらで記述されているかは、UiPath Studio画面の右下に表示されています。

図　C#で開発したプロジェクトの画面

3.3 変数の使い方

ここで、数値の2乗計算を行う簡単なワークフローを例として、変数の定義や使い方を説明します。

📋 【作成するプロジェクト】変数定義サンプル

3.3.1 変数を定義する

UiPath Studioを起動して、[新規プロジェクト]から[プロセス]をクリックして、「変数定義サンプル」というプロジェクトを作成します。

[シーケンス]アクティビティをデザイナーパネルに配置して、デザイナーパネルの下部の[変数]タブをクリックします。すると、変数定義のパネルが表示されます。

[変数の作成]をクリックすると、「名前」の部分に「variable1」と出るので、それを自分が決めた変数名に書き換えます（ここでは「Title」とします）。

変数定義のその他の項目についても触れておくと、「変数の型」はデフォルトでString型が指定されています。今回は文字列型の変数を作りたかったのでこのままで大丈夫ですが、その他の型を指定する場合はここで選択し

て変更します。「スコープ」には現在選択しているアクティビティ「シーケンス」が設定されています。「既定値」にはプログラムの中で設定や変更がなかったときに使われるデフォルトの値を指定します。

プログラミング言語における代入

　プログラミング言語になじみのない人には、プログラミングにおける変数の代入と、数学で習った数式とで、同じ書き方をするのに意味合いが異なる点に注意が必要です。

　数学では、xという変数の値に1を足す場合、その計算式は「x＋1」で表し、その結果はほかの変数（たとえばy）と結びつけます。「y＝x＋1」という式です。

　一方、プログラミング言語の変数は、数値を入れるための名前付きの格納場所（箱）です。そのため、「x＝x＋1」のような書き方をすることがあります。これは数学では成り立たない式ですが、プログラミング言語では、次のように解釈します。

- ・xという箱に現在入っている数値を取り出し、1を足す
- ・そして、その結果を同じxの箱に入れ直す

　xやiなどの変数で表された数字を一つずつ増やして処理を次に進める、といった用途でよく使われる代入計算式ですので覚えておきましょう。

3.3.2　変数のスコープ（有効範囲）

　ここで、いったんワークフローの作成から離れて、変数のスコープについて触れておきます。変数のスコープというのは、その変数を使うことができる「有効範囲」のことです。UiPathではシーケンスアクティビティ、フローチャートアクティビティのいずれかを有効範囲として指定することができます。

　ところで、シーケンスアクティビティとフローチャートアクティビティは、次の図のように入れ子構造を持つことができます。変数のスコープというのは、このような入れ子構造の中の、どの範囲でその変数を利用できるかを指定するものです。

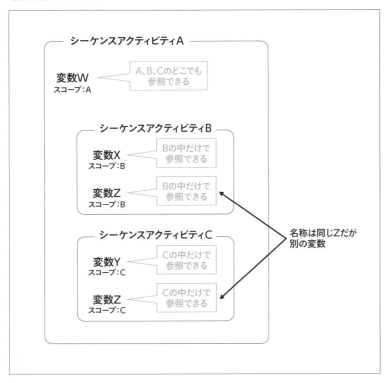

　入れ子の上位の枠（図中のシーケンスアクティビティA）をスコープとして定義した変数は、下位（BやC）の枠内でも使うことができますが、下位の枠で定義した変数は、上位や隣の枠の中では使うことができません。同じ名称の変数を定義することはできますが、別の変数として扱われます。

●変数のスコープを変更する

　UiPathでは、変数を定義したシーケンスアクティビティがデフォルトのスコープとして定義されるようになっています。次の画面では、「処理A」という表示名のシーケンスアクティビティで定義した「Message」という変数のスコープが「処理A」となっています。

　このスコープの範囲を変更したい場合は、変数のスコープ欄のプルダウンメニューを開いて、その中から希望のスコープ範囲を選択するだけです。

3.3.3　変数を使う

　2乗計算のワークフローの作成に戻ります。

変数Titleの既定値を「"数値計算の結果"」とします。さらに[変数の作成]をクリックして2つの変数「Number」（Int32型、既定値0）と「Result」（Int32型、既定値なし）を定義します（Int32型は「変数の型」にデフォルトで用意されているので、プルダウンメニューから選択できます）。

[代入]アクティビティを[シーケンス]内に配置し、左辺に「Result」、右辺に「Number*Number」を指定します(*は掛け算)。

[メッセージボックス]アクティビティを、[代入]の下に配置します。

メッセージボックスのキャプション(見出し)を指定します。これには、右側に表示されているプロパティパネルの[キャプション]欄の右端にある[...]をクリックします。

「式エディター」が開くので、そこに変数「Title」をセットします。Titleには「数値計算の結果」という文字列が入っています。ここでは変数の使い方の練習としてこのように指定しましたが、変数を使わずに文字列を直接書いてもかまいません（その場合はダブルクォーテーションで囲む必要があります）。

同様に、プロパティパネルの[テキスト]欄で式エディターを開いて、「"結果は"+Result」と入力します。するとビックリマークが出てエラーとなります。エラーの原因は、Resultが数値型（Int32）のためです。そこで、3.2.4項で説明したToStringメソッドを使って文字列に変換します。

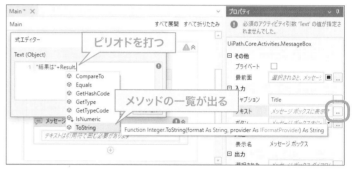

※メッセージボックスに表示できるのは文字列だけです。
※式エディターで「Result」の後にピリオド「.」を入力すると、使えるメソッドが一覧表示されます。
　その中からToStringを選択します。

これで次のようなワークフローが出来上がります。

図　完成したワークフロー

先ほど変数定義の際、既定値を0にしましたが、そこをいろいろな数字に変えて「ファイルをデバッグ」で動かすと、Numberの2乗の値がメッセージボックスで表示されます（なお、通常は変数定義の既定値指定をこのように使うことはしませんが、ここではワークフローを簡単なものにするため、そのようにしました）。

図　実行結果

COLUMN

アクティビティの表示名を変える

　ワークフローで使うアクティビティは、デザイナーパネルに配置したあとであれば、表示名を変えることができます。表示名を変えるには、プロパティパネルの「表示名」に名前を指定するだけです。

　なお、表示名を変更することで、そのアクティビティで具体的に何を行っているかをわかりやすくできる反面、元のアクティビティ機能が何だったかわからなくなることもありますので、多用は避けたほうがよいでしょう。

図　アクティビティ名の表示名は簡単に変えられる

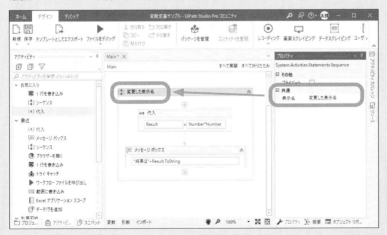

　ちなみに、シーケンスアクティビティのうち、ほかのアクティビティの一部として使われてるものは最初から「実行」や「本体」などの表示名になっている場合があります。本書では、そのような場合、アクティビティの機能と表示名の区別が付くように『[実行]という表示名のシーケンスアクティビティ』という説明の仕方をしています。

3.4 表構造（データテーブル）の使い方

　使い方を覚えておくべき重要なデータ型に、表構造で個々のセルに数値や文字列などを入れることができる DataTable型があります。このデータ型を用いた表構造を「データテーブル」と呼びます。

　DataTable型の利用シナリオとしては、「Excelから表データを読み込む」「Webページの表をデータスクレイピングで読み込む」「UiPathで収集したデータを表形式にまとめてExcelに書き出す」などがあります。

　データテーブル（DataTable型）は、行と列から構成され、行はDataRow型というデータ型で表されます。列はそれぞれがString型やInt32型などのデータ型を持った値を格納する個別の場所です。データテーブルの先頭には各列の見出しとなる「ヘッダー」が存在します。

図　UiPathのデータテーブル（表）の構造

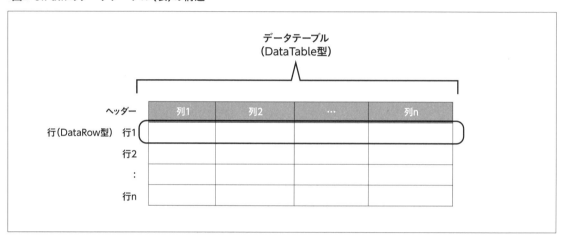

　Excelなどの表データの読み込み／書き込みを行う際は、入力先頭行をヘッダーとみなしたり、書き出しにヘッダーを含めるかどうかを、アクティビティのプロパティで指定できるようになっています。

3.4.1　テーブル内のデータへのアクセス

　テーブル内のデータは、まず「行へアクセス」し、次にその行内の「列にアクセス」することによって取り出すことができます。

　行へのアクセスには、VB.NETのDataTable型のプロパティ（これは、データ型に備わっている特性のことであり、UiPathのアクティビティのプロパティではありません）である「Rows」を使います。Rowsは、DataTable型から行（DataRow型）の集合体（コレクション）を取り出すプロパティです。行の集合体は0から始まる番号で指定することができます（このような番号による指定をインデックスと呼びます）。

　たとえば、PrefectureListというDataTable型の変数がある場合、PrefectureList.Rows(0)は先頭の行

（DataRow型）を、PrefectureList.Rows(12)は13番目の行（DataRow型）を表します（0＝1番目の行としてカウントするのでこのようにズレます）。

図　PrefectureListの例

インデックス	0	1	2
	番号	都道府県	県庁所在地
0	01	北海道	札幌市
	:	:	:
12	13	東京	東京
	:	:	:
46	47	沖縄	那覇市

　列へのアクセスには、VB.NETのDataRow型のプロパティであるItemを使います。特定の列のデータにアクセスするには、0から始まる番号で左から数えて指定することができます。また、列のヘッダーで指定した列名を使って指定することもできます。つまり、図中の「東京」にアクセスするには、

- **PrefectureList.Rows(12).Item(1)**
- **PrefectureList.Rows(12).Item("都道府県")**

のどちらで指定しても構いません。さらに、インデックスを使う場合にはRows、Itemというプロパティ名（とその前のドット）を省略することもできます。つまり、前述の例は、

- **PrefectureList(12)(1)**

と指定しても同じ意味になります。

3.4.2　データテーブルの作成

　データテーブルを作る方法はいくつかありますが、ここでは［データテーブルを構築］アクティビティを使って、視覚的に表の列（列名、データ型）を作成する方法について説明します。
　UiPath Studioで［新規プロジェクト］－［プロセス］で、「データテーブル作成の練習」という名前のプロジェクトを作ってください。

[シーケンス]アクティビティを配置し、
[変数]タブを表示して変数「table」
(System.Data.DataTable型)を作成し
ます。

[データテーブルを構築]アクティビティ
を配置します(アクティビティパネルの
[プログラミング]–[データテーブル]の
中にあります。もちろん検索しても構い
ません)。

[データテーブルを構築]アクティビティ
内の[データテーブルを構築](図中で「デ
ータテーブル...」と表示されているボタ
ン)をクリックして、「データテーブルを
構築」ウィンドウを開きます。

※デフォルトでString型の「Column1」、Int32型の「Column2」の2つの列を含む表が表示されます

列の名前やデータ型を変更するには、編集したい列のペンのマークをクリックして「列を編集」ウィンドウを開きます。

新しい列を追加するには、左上の[＋]ボタンをクリックして「新しい列」ウィンドウを開きます。新しい列の列名、データ型などを設定することができます。

列および行を削除するには、消したい列（行）にマウスを重ねて[×]をクリックします。

プロパティの[出力]–[データテーブル]に先ほど定義した変数「table」を指定します。これによって、今作成したデータテーブルが変数tableとして使うことができるようになります。

3.4.3 DataTable型変数の便利な定義方法

ここまで、変数の定義はすべて[変数]タブを利用して説明をしてきましたが、変数を定義する方法はほかにもあります。それが、アクティビティの枠内やプロパティパネルの該当欄にマウスを合わせると出現する[＋]印をクリックして現れる「変数を作成」です（枠内を右クリックして表示されるメニューからも選択できます。また、変数を指定する欄にカーソルを置いてショートカットキーCtrl+kを押しても同じことができます）。

この方法で変数を作成すると、変数の型が限定されるような場面では最初から型が指定された状態で作成されるので便利です。

先ほどの例では、DataTable型の変数tableを最初に定義しましたが、その際には変数の型を指定するためにDataTable型を検索して一覧から探して選択する必要がありました。しかし、次のように[データテーブルを構築]アクティビティを配置した後、プロパティパネルの[出力]-[データテーブル]にて「変数を作成」から変数を作成した場合は、変数の型の既定値がDataTable型となるため、作成したい変数名を入力するだけで変数の定義が完了します。

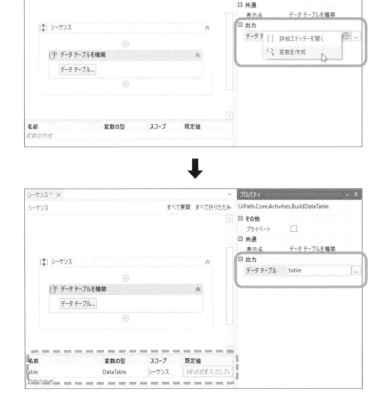

なお、変数の型が特定できない場面では、変数タブで定義する場合と同様にString型が既定となります。

3.5 ワークフローの主要パターン

ここまで、あたりまえのように [シーケンス] アクティビティを使ってきましたが、UiPathのワークフローを表現するプログラム構造には、次の3つの形式があります。

- **シーケンス**
- **フローチャート**
- **ステートマシン**

それぞれ、順次処理を行う「シーケンス」、条件分岐によって前のほうに戻る処理が表現できる「フローチャート」、状態遷移を制御する場合に利用する「ステートマシン」という使い分け方になります。

本書では、シーケンスとフローチャートの2つのパターンでのワークフローの作成について説明します。ステートマシンについては、UiPathがテンプレートとして用意したワークフロー（Studioのスタート画面右下の「テンプレートから新規作成」の中にあるRobotic Enterprise Frameworkなど）を修正することで実現できるようになっていますが、本書では扱いません。

図　ステートマシンのワークフロー画面の例

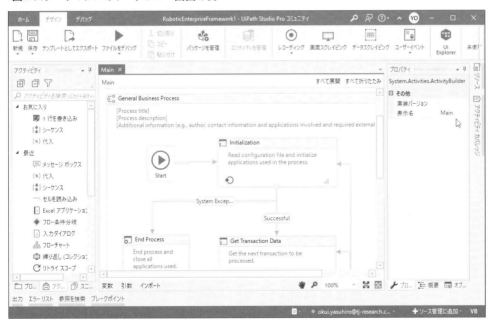

ここでは、「ある日付（納期日）をユーザーにダイアログボックスで入力してもらい、現在の日付をシステムから獲得して残りの日数を通知する」というワークフローを、シーケンスとフローチャートの2つのパターンで作成してみます。

3.5.1　シーケンスによるワークフロー

アクティビティを直線的に配置し、それらを上から下へと処理するのがシーケンス（順次処理）です。繰り返し処理など、部分的に下から上に戻って処理を繰り返すこともありますが、アクティビティの配置上は直線的な構造をしています。

ここで作成するワークフローの流れとしては、ユーザーが入力した「納期日」を変数dueDateString（String型）に代入し、それをDateTime.Parse関数を用いてコンピュータで扱う日付型（DateTime型）に変換して、変数dueDate（DateTime型）に代入します。

次に、現在の日付をDateTime.Now関数を使って取得し、変数currentDate（DateTime型）に代入します。

最後に、現在の日付と納期日の差の日数をDateDiff関数で求め、変数days（Int64型）に代入して、それをメッセージボックスに出力します。

なお、計算した日数を格納する変数daysをInt32型ではなくInt64型としているのは、DateDiff関数の戻り値が64ビットの整数であるLong型のためです。Long型に相当するVB.NETの型がInt64型です。

📇【作成するプロジェクト】納期日チェッカー

UiPath Studioで「納期日チェッカー」という新規プロジェクトを作成します。
デザイナーパネルに［シーケンス］アクティビティを配置し、その中に納期日を入力する［入力ダイアログ］アクティビティを配置します。
「ダイアログのタイトル」は「"納期"」、「入力ラベル」は「"納期を入力してください"」とでもしておきましょう。「入力した値」には変数「dueDateString」（String型）を定義して出力先に指定します。

次に、変数「dueDate」（DateTime型）を
定義します。
変数の型をDateTime型にするには、プ
ルダウンメニューから[型の参照…]を選
択して「参照して.Netの種類を選択」画面
を開き、[型の名前]欄に「System.Date
Time」を入れて検索して選択します。

次に、ユーザーが入力したdueDate
StringをDateTime型に変換した値を
定義した変数dueDateに代入します。
DateTime型への変換にはDateTime.
Parse関数を使います。
[代入]アクティビティを[入力ダイアロ
グ]の下に配置し、左辺に「dueDate」、
右辺に「DateTime.Parse(dueDate
String)」と入力します。

次に、変数「currentDate」（DateTime
型）を定義して、DateTime.Now関数で
取得した現在の日付を代入します。
[代入]アクティビティをもう一つ配置し
て、左辺に「currentDate」、右辺は
「DateTime.Now」と入力します。

次に、変数「days」(Int64型)を定義し、そこに納期(dueDate)と現在の日付(currentDate)の日数差をDateDiff関数で求めて代入します(なお、Int64型(System.Int64)も一覧にはないので、[型の参照...]から検索してください)。[代入]アクティビティをもう一つ配置して、左辺に「days」、右辺に「DateDiff("d",currentDate,dueDate)」と入力します。

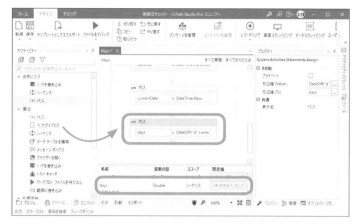

※DateDiff関数では日時の差を求めることができますが、ここでは日数だけ必要なので、パラメータ "d" を指定しています。

最後に、[メッセージボックス]アクティビティを配置して、「"納期まで後"+days.ToString+"日"」と入力して計算の結果を表示させます。文字列は二重引用符「""」で囲み、変数とは「+」で連結します。また、変数daysはInt64型の数値ですので、文字列として表示するためにToStringメソッドを適用しています。

　これでワークフローが一通り完成しました。[ファイルをデバッグ]をクリックして動かしてみましょう。ダイアログボックスに納期(たとえば9/1)を入力して[OK]をクリックすると、今日の日付との日数差を表示したメッセージボックスが現れます。

図　実行画面

3.5.2　フローチャートによるワークフロー

　アクティビティを直線的に配置し、それらを上から下へと処理する「シーケンス」に対して、途中で条件判定を行って、上のほうにあるアクティビティに処理を戻すことができるのが「フローチャート」です。

　ここでは、先ほどのシーケンスによるワークフローの例と同様の処理をフローチャートで記述してみます。ただし、条件判定として、ユーザーが入力した納期の日付が過去の日付だった場合に、その旨をユーザーに通知して再入力を行わせるワークフローとします（ちなみに、先ほど作成したシーケンスのワークフローでは、過去の日付を入力するとマイナスの日数を表示します）。

　それでは、さっそく新規プロジェクトを用意して作っていきましょう。新規プロジェクトとして「フローチャートサンプル」を作ってください。

📋【作成するプロジェクト】フローチャートサンプル

最初に［フローチャート］アクティビティを配置します（アクティビティパネルの検索欄に「フローチャート」と入れて検索します）。
［フローチャート］は折りたたまれた状態で配置されるので、ダブルクリックして展開します。

※デザインリボンの［新規］から［フローチャート］をクリックすることでも作成できます。この方法だと最初から展開されています。

[入力ダイアログ]アクティビティをドラッグしながら[Start]の近くまでカーソルを移動すると、左右下それぞれに矢印が出るので、下の部分にドロップします。すると、こちらも折りたたまれた状態で配置されました。

このように、フローチャートの編集では、配置した際の表示サイズが大きいアクティビティは折りたたまれた状態で配置されます。

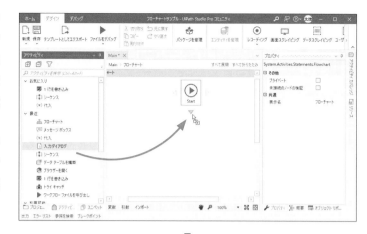

ここで「ダブルクリックして表示」の操作を行うと、アクティビティ単体の編集画面になります。ここからワークフロー全体の編集に戻るには、パネル上部の[Main]や[フローチャート]をクリックします。

●**プロパティパネルから入力する方法**

　以下、さまざまな入力方法に慣れるためにも、ここでは右側のプロパティパネルを使って入力していきます。先ほどのシーケンスでも同様に作業できますので、最終的には自分が使いやすい方法で作成できるようになれば大丈夫です。

デザイナーパネルで[入力ダイアログ]を選択した状態で、プロパティパネルの「タイトル」に「"納期"」、「ラベル」に「"納期を入力してください"」、「結果」に「dueDateString」と入力します。
変数「dueDateString」（String型）を定義することも忘れないでください。

以下、3.5.1項で作ったシーケンスの例と同様に、[入力ダイアログ]の下に[代入]アクティビティを3つ配置し、残り日数の計算が終わるところまで作成します（変数を定義することもお忘れなく）。

次に、［フロー条件分岐］アクティビティ
を配置して、プロパティパネルの「条件」
に「days>0」と指定します。これにより、
daysが正の値かどうかを判定して、処
理を分岐させます。

［フロー条件分岐］にマウスカーソルを重
ねると、条件式が表示され、左に「True」
右に「False」の突起が出現します。条件
が成立した場合の処理を「True」に、成立
しない場合の処理を「False」に続けます。

「True」すなわちdaysが正の場合は、残
り日数を表示します。［メッセージボッ
クス］アクティビティをTrue側に配置し
て、プロパティパネルの「テキスト」に「"
納期まで後 "+days.ToString+" 日 "」と
入力します。

「False」側では、再入力を促すメッセージを表示して、再入力してもらう処理を行います。［メッセージボックス］アクティビティをFalse側にも配置して、プロパティパネルの「テキスト」に「"納期は将来の日付を入力してください。"」と入力します。

次に、いま配置した［メッセージボックス］から、最初の［入力ダイアログ］アクティビティへ処理を戻すための線を引きます。

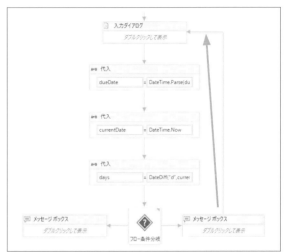

※出発点となるアクティビティの4辺のいずれか（ここでは上辺）から開始します。マウスのボタンは目的地に到着するまで離さないようにします（目的地が画面内に見えていなくても、マウスを画面端に近づけると自動的にスクロールします）。

　このようにして、次のようなフローチャートが出来上がりました。

図　完成したフローチャート

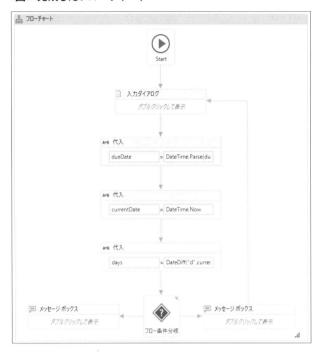

これも［ファイルをデバッグ］から動かしてみましょう。下記のように動作することが確認できると思います。

図　実行結果

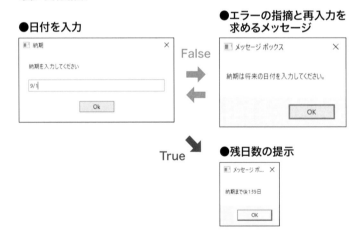

第4章

GUI操作の自動化と
レコーディング

この章では、PCのアプリケーションのGUI操作をUiPathで自動化する方法について、「メモ帳」アプリの操作を題材に説明します。最初に、クリック操作などのGUIの基本操作を一つひとつ配置してゆく基本的な方法を説明し、次にレコーディング機能を使って、ユーザーの操作を記録して自動生成する方法を説明します。

この流れに沿って、この章では次の技法を説明します。

• アプリケーション起動、入力、クリックなどのアクティビティの指定方法
• 条件分岐の指定方法
• F2キーによってUiPath指定を遅延させる方法
• レコーディングの方法

4.1 GUIの基本操作の指定

　UiPathでは、ユーザーが行うGUI操作を指定して実行させることができます。最初にまず、Windows標準のアプリである「メモ帳」を使って、テキスト入力、クリックなど、GUI操作に対応する一つひとつのアクティビティを指定してワークフローを作成する方法を説明します。

　この方法では、UiPathでのアクティビティ指定に並行して、手動でGUI操作を進める必要があります。以下の手順の説明の中で、UiPathでの作業と区別するために、そのようなユーザーの操作の部分には【手動操作】と記してあります。

　手動操作を含め手間のかかる作業ですが、UiPathがどのようなアクティビティを使ってGUI操作を実現しているのかを理解することができるので、一度はやってみましょう。後述のレコーディング機能は、このようなアクティビティをユーザーの操作を記録して自動生成する機能ですので、それが何をやっているのかについても理解することができます。

4.1.1 使用するアプリを指定する操作

　それではさっそく始めましょう。UiPath Studioを起動して「GUI個別指定」という新規プロジェクトを作成します。

【作成するプロジェクト】GUI個別指定

UiPath Studioを起動して、「GUI個別指定」という新規プロジェクトを作成します。
【手動操作】
別途、メモ帳を起動しておきます。

※「メモ帳」はスタートメニューの「Windowsアクセサリ」の中にあります。

デザイナーパネルに[アプリケーション
を開く]アクティビティを配置し、[画面
上でウィンドウを指定]をクリックしま
す。これまでの例では[シーケンス]アク
ティビティを最初に配置しましたが、こ
のようにすると自動的に全体を囲む[シ
ーケンス]アクティビティが生成される
ようになっています。

起動しておいたメモ帳を選択します。

[アプリケーションを開く]アクティビテ
ィにメモ帳の一部のキャプチャが貼り付
けられます。
プロパティパネルの[入力]-[ファイル
名]欄を確認すると、「C:¥WINDOWS
¥system32¥notepad.exe」となってお
り、メモ帳が起動されるよう設定されて
いることがわかります。

4.1.2 文字の入力操作

メモ帳に文字列を入力します。

[文字を入力]アクティビティを[Do]と
いう表示名のシーケンスアクティビティ
内に配置し、[ウィンドウ内で要素を指
定]部分をクリックします。

メモ帳のテキスト入力部分をクリックし
ます。

テキスト指定欄に、入力するテキストを
二重引用符でくくって記入します。ここ
では「"UiPathへようこそ"」とします。

【手動操作】

この時点ではメモ帳にテキストは入りませんので、平行してメモ帳にも「UiPathへようこそ」と記入しておきます。

4.1.3　ファイルの保存操作

メモ帳の[ファイル]メニューから[名前を付けて保存]をクリックしてファイル名を指定し、ファイルを保存します。

[クリック]アクティビティを配置して、[ウィンドウ内で要素を指定]をクリックします。

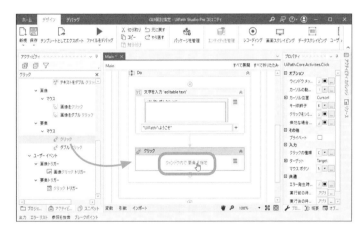

メモ帳の[ファイル]メニューをクリックします。

すると、[クリック]アクティビティにその操作のキャプチャが貼り付けられます。

続けて[名前を付けて保存]をクリックする操作を記録したいので、再度[クリック]アクティビティを配置し、[ウィンドウ内で要素を指定]をクリックします。

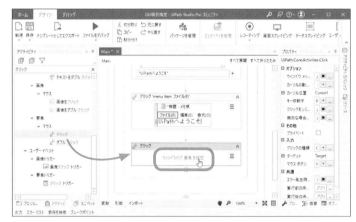

　ここで、メモ帳のウィンドウは[ファイル]メニューをクリックする前の状態のままなので、[名前を付けて保存]ウィンドウを表示するには、[ファイル]-[名前を付けて保存]を続けてクリックしなければなりません。しかし、ここで[ファイル]をクリックすると、再び[ファイル]をクリックする動作が記録されるだけで、[名前を付けて保存]をクリックするところまで進めません。

　このような場面を回避するために、UiPath Studioの記録遅延機能を使います。

● F2キーを使った「記録の遅延」機能

　UiPath Studioの記録遅延機能を用いると、3秒間、クリックなどの操作の記録を行わなくなります。その間に記録したい操作まで手順を進めるようにします。記録遅延機能はF2キーを押すと開始され、3秒間のカウントダウンが画面右下に表示されます。

　F2キーを押すとカウントダウンが始まるので、その間にメモ帳の[ファイル]メニューをクリックしてプルダウンメニューを表示しておき、カウントダウンが終わったところで[名前を付けて保存]をクリックします。

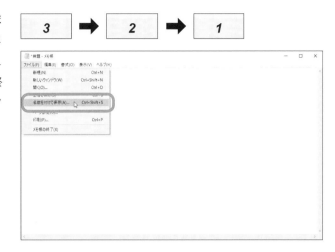

　[名前を付けて保存]をクリックする操作が指定できました。

4.1.4 ファイル名を指定する操作

続けて、「名前を付けて保存」画面でファイル名を入力し、[保存]をクリックしてファイルを保存するまでの操作を指定します。

【手動操作】

メモ帳のメニューから[ファイル]－[名前を付けて保存]をクリックして、「名前を付けて保存」画面を開いておきます。

ファイル名を指定するために[文字を入力]アクティビティを配置し、[ウィンドウ内で要素を指定]をクリックします。

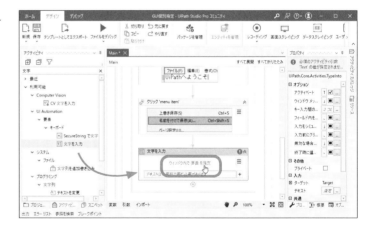

開いておいたメモ帳の「名前を付けて保存」画面の[ファイル名]欄をクリックします。

アクティビティの入力欄に、絶対パスでファイル名を「"C:¥UiPathTest¥GUI個別指定.txt"」と記入します（C:¥UiPathTestフォルダーは事前に作っておいてください）。

さらに、プロパティパネルで[フィールド内を削除]項目の右の「■」をクリックしてチェック印に変え、値を「True」に指定します。これは、入力対象欄（フィールド）に何らかの文字が入っている場合に、いったん削除してから文字を入力するという指示です。今回はもともと「*.txt」が入っているので、これを削除します。

【手動操作】

メモ帳の「名前を付けて保存」画面で、[ファイル名]欄に「C:¥UiPathTest¥GUI個別指定.txt」を手動で入れておきます。

[クリック]アクティビティを配置し、[ウィンドウ内で要素を指定]部分をクリックします。

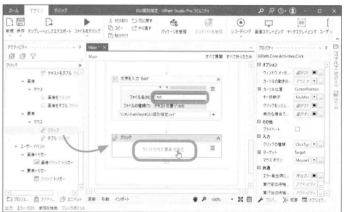

メモ帳の「名前を付けて保存画面」の、[保存]ボタンをクリックして指定します。

[クリック]アクティビティにキャプチャ
画面が貼り付けられます。

【手動操作】
メモ帳の[保存]ボタンを手動で押して、
「GUI個別指定.txt」の保存を完了してお
きます。

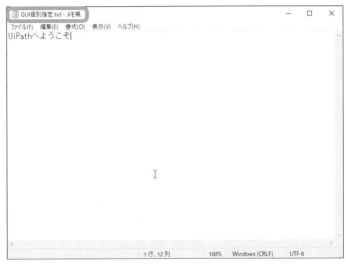

4.1.5 アプリの終了操作

最後にメモ帳を終了する操作を記録していきます。通常であれば、メモ帳の[ファイル]メニューから[メモ帳の終了]をクリックする操作です。先ほどと同様F2による記録遅延を行います。

[クリック]アクティビティを配置し、[ウィンドウ内で要素を指定]部分をクリックします。

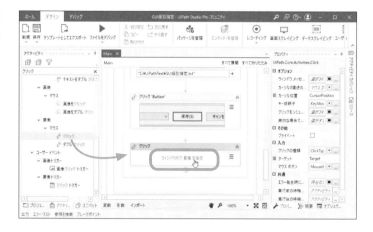

メモ帳のメニューの[ファイル]をクリックします。

再度[クリック]アクティビティを配置
し、[ウィンドウ内で要素を指定]部分を
クリックします。

先ほどと同じ手順で、F2キーを押して
記録を遅延させた間に[ファイル]メニュ
ーを表示させておき、カウントが終わっ
たところで[メモ帳の終了]をクリックし
ます。

これで、一通りのワークフローが完成しました。

4.1.6 条件分岐でダイアログが出現した場合に対応

完成したワークフローをさっそく動かしてみましょう。メモ帳を手動で終了させてから、デザインリボンの[ファイルをデバッグ]をクリックします。

図　[ファイルをデバッグ]をクリック

すると、ファイルを保存する段階で次のような確認画面が表示されます。

図　上書き保存を確認する画面

これは、先ほどワークフローを作った際に保存した「GUI個別指定.txt」がすでに存在するため、ファイルを上書き保存してよいかの確認を求められています。[はい]または[いいえ]をクリックすればとりあえずその場はしのげますが、このような形で毎回手動操作を求められては、せっかくUiPathでGUI操作を自動化しようとした意味がありません。そこで、このような状況にも対応できるように、ワークフローを調整しましょう。

今回のケースであれば、以下の状況で操作の指定が必要となります。

- ・「名前を付けて保存の確認」画面が表示されているかどうかの識別
- ・表示されていれば[はい]ボタンをクリックする

[ファイルをデバッグ]を実行して、「名前を付けて保存の確認」画面を表示させます。
ここで[停止]をクリックしてデバッグを停止し、ワークフローの編集ができる状態にします。

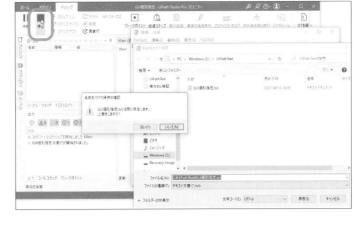

[保存]ボタンを押した[クリック]アクティビティの後に[要素の存在を確認]アクティビティを配置し、[ウィンドウ内で要素を指定]をクリックします。

「名前を付けて保存の確認」画面の中ほどのテキスト部分をクリックします。

※以下のように画面全体を対象とするとうまく動作しませんのでご注意ください。

クリックした画面のキャプチャがアクティビティに貼り付けられます。

ここで、存在の有無の判定結果を格納するためにBoolean型の変数「existence」を定義して、プロパティパネルの[存在の有無]欄で指定します。

続けて[条件分岐]アクティビティを配置し、[条件]欄に変数「existence」を記入します。

[Then]欄内に[クリック]アクティビティを配置し、[ウィンドウ内で要素を指定]をクリックします。

「名前を付けて保存の確認」画面で[はい]
ボタンをクリックします。

[クリック]アクティビティにキャプチャ
が貼り付けられ、操作が指定されまし
た。

　これで、ワークフローの調整が終わりました。メモ帳は手動で保存・終了しておき、再度、[ファイルをデバッグ]を実行してみましょう。確認画面が出ても[はい]が自動的に押されて、ファイルが上書きされることが確認できます。

4.1.7　タイムアウト設定による待機時間の制御

　ここで、C:¥UiPathTestフォルダー内の「GUI個別指定.txt」を消して、再度[ファイルをデバッグ]をクリックしてワークフローを実行してみましょう。

　「名前を付けて保存の確認」の画面が出ることなく動作することになるのですが、相当な時間が経ってからようやく処理が終了する、という挙動になったかと思います（なかなか動かないのでエラーが起きたかと思って手動で処理を停止してしまった人もいるかもしれません）。

　これは、「名前を付けて保存の確認」画面が存在するかどうかを、[要素の存在を確認]アクティビティのタイムアウト値である30秒間（30000ミリ秒）も待っているためです。

　UiPathのUIアクティビティ（アクティビティパネルの[UI Automation]カテゴリ配下のアクティビティ）に共通に指定できるタイムアウト値のデフォルトは30秒となっています。しかし、30秒も待つ必要がある処理というのは稀です。そこで、臨機応変にタイムアウト値を変更するのがよいでしょう。アクティビティのタイムアウト値は、プロパティパネルの[タイムアウト（ミリ秒）]欄で設定できます。

　今回のメモ帳の保存であれば、3000ミリ秒（3秒）も待てば十分でしょう。逆に、Webなどの画面遷移の応答を待つ場合は、ネットワークの状況で時間がかかることもありますので、もう少し余裕のある時間を設定するなど、その場面に合わせて設定してみてください。

4.2 UiPathのレコーディング機能

UiPathでは、前節で行ったようなクリック操作などのアクティビティをユーザーが行ったとおりに記録して自動的にワークフローを生成させることもできます。これがUiPathの「レコーディング」機能です。

レコーディングには、以下のようなモードがあります。

・ベーシック

これは、記録されるアクティビティが独立して配置されるのと同じ結果となります。各アクティビティでの要素指定は完全セレクター（10.1.1項で後述）を使います。

・Web

ブラウザーでレコーディングを行うためのモードです。各アクティビティでの要素指定は部分セレクター（10.1.2項で後述）を使います。

・デスクトップ

あらゆるデスクトップアプリを対象にしたモードです。各アクティビティでの要素指定は部分セレクターを使います。

このほかにも「画像」「ネイティブCitrix」「コンピュータビジョン」などがありますが、本書では扱いません。ここではベーシックとデスクトップについて見ていきましょう（Webについては第7章で解説します）。

4.3 ベーシックレコーディング

　ここでは4.1節で説明に用いたメモ帳の操作を、ベーシックレコーディング機能を使ってワークフロー化していきます。

📋 【作成するプロジェクト】GUIベーシック記録

4.3.1　ベーシックレコーディングを開始する

新規プロジェクト「GUIベーシック記録」を作成し、デザインリボンの[レコーディング]のプルダウンメニューの中から[ベーシック]を選択します。

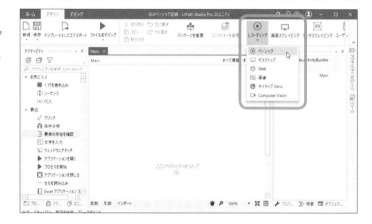

「ベーシックレコーディング」画面が現れます。このメニューを選択してGUI操作を実施し、それを自動的にアクティビティ化することができます。

4.3.2 アプリを開始する

　以下の手順を進める前に、手動でメモ帳を開いておいてください。

[アプリを開始]をクリックして、起動す
るアプリを指定します。ここでは、開い
ておいた「メモ帳」を選択してクリックし
ます（[アプリを開始]を指定するために、
事前に使用するアプリを起動しておく必
要があります）。

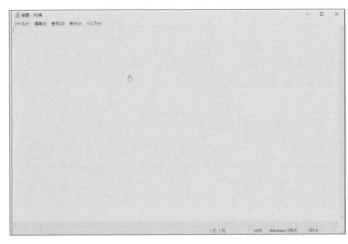

選択すると、[アプリケーションパス]に
「C：¥WINDOWS¥system32
¥notepad.exe」と表示されます。確認
して[OK]をクリックします（ベーシック
レコーディング画面に戻ります）。

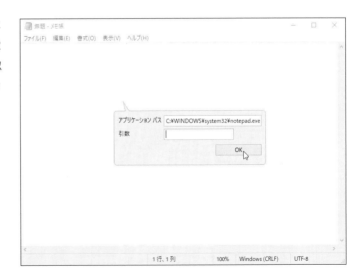

4.3.3 ［記録］機能による一連のGUI操作のレコーディング

「ベーシックレコーディング」画面に戻ったところで、次は［記録］をクリックします。

図 「ベーシックレコーディング」画面の記録ボタン

ここから、ユーザーの一連のGUI操作の記録が始まります。

●文字列の書き込み

メモ帳に文字列を書き込みます。

メモ帳のテキスト編集領域をクリックします。

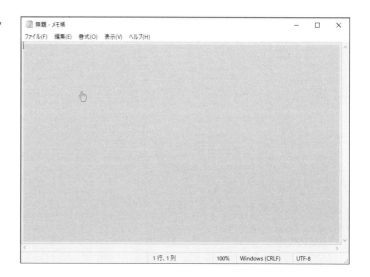

「入力値を入力してください」という画面が出るので、「UiPathへようこそ」と入力します。また、［フィールド内を削除する］にチェックを入れます。

入力を完了した後、Enterキーを押すと、メモ帳に指定された文字列が入力されます。

●ファイルの保存

作成したファイルを保存するために、メモ帳でファイルを保存する操作を行います。

メモ帳のメニューから、［ファイル］–［名前を付けて保存］をクリックします。

「アンカーを使いますか？」と表示されるので、ここでは［いいえ］をクリックします（アンカーについては「10.2.3　UI Explorerによるアンカーの指定」を参照）。

ここで、「名前を付けて保存」画面が開く
ことを期待しますが、表示されません。
メモ帳のウィンドウは[ファイル]メニュ
ーをクリックする前の状態に戻ってしま
います。

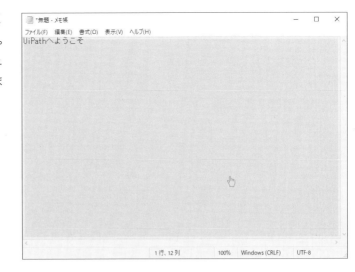

そこでF2キーを使った記録遅延機能を
使って「名前を付けて保存」画面を出すま
で手動で操作してカウントダウンを待ち
ます。カウントダウンが終了したら、フ
ァイル名を指定するため[ファイル名]欄
をクリックします。

[フィールド内を削除]にチェックを入れ、入力値として「C:¥UiPathTest¥GUIベーシック記録.txt」と入力してEnterキーを押します。

ファイル名が入ったところで、[保存]ボタンをクリックします。

●メモ帳の終了

メモ帳を終了する操作をレコーディングします。

[ファイル]メニューをクリックします。

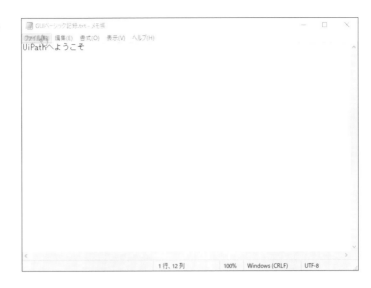

[メモ帳の終了]をクリックします。ここで再び[アンカーを使う]と表示されるので、[いいえ]を押します。

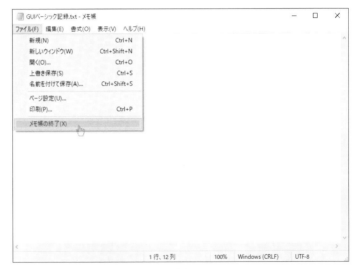

メモ帳は開いたままですが、これでメモ帳を閉じる操作は記録されたので、Escキーでレコーディングを終了します。メモ帳は手動で終了してください。

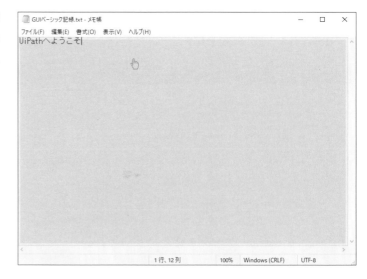

最後に［保存＆終了］をクリックしてレコーディングを終了します。

　以上でレコーディングは終了です。記録したワークフローが次の図のように生成されていることが確認できるかと思います。

図　ベーシックレコーディングで作成したワークフロー

さっそく［ファイルをデバッグ］でワークフローを実行してみましょう。すると、4.1節と同様、ワークフロー作成途中で一度「GUIベーシック記録.txt」を保存しているので、上書きするかどうかを尋ねる「名前を付けて保存」画面が表示されます。この操作を自動化するには、4.1.6項と同じ手順で、「名前を付けて保存」画面の存在確認と、それによる条件分岐のアクティビティを追加するなどの調整を行ってください。

4.3.4　個別操作のレコーディング

　ベーシックレコーディングの操作画面を見ると、ここで説明した［アプリを開始］［記録］［保存＆終了］以外にも、［クリック］などのボタンがあります。

図　ベーシックレコーディングの操作画面

　これらは［記録］ボタンを押してユーザーの操作を自動的に記録するのではなく、文字の入力操作、クリック操作、などを個別に記録させるためのボタンです。以下に例を示します。

●文字の入力操作

メモ帳に文字列を入力するには［種類］となっている部分をクリックします。

メモ帳のテキスト入力領域をクリックして、入力値を指定します。

●クリック操作

クリックを押します。

例として、メモ帳の[ファイル]メニューを選択します。

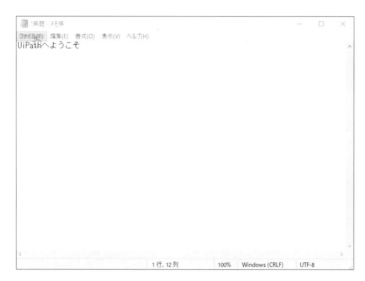

　[記録]のときと異なるのは、クリックしてもその先には進まず、そのつど「ベーシックレコーディング」画面に戻ります。したがって、ファイルメニューのその先のメニュー（[名前を付けて保存]や[メモ帳を終了]など）を選択したい場合は、F2キーによる記録遅延機能を使う必要があります。

4.4 デスクトップレコーディング

次に、メモ帳の操作をデスクトップレコーディング機能を使って作成してみましょう。

📋【作成するプロジェクト】GUIデスクトップ記録

4.4.1 デスクトップレコーディングを開始する

新規プロジェクト「GUIデスクトップ記録」を作成し、デザインリボンの[レコーディング]のプルダウンメニューの中から[デスクトップ]を選択します。

すると、右のような「デスクトップレコーディング」画面が現れます。このメニューを選択してGUI操作を実施し、それを自動的にアクティビティ化することができます。

4.4.2 アプリの呼び出しと[記録]機能による一連のGUI操作のレコーディング

この先の操作は、ベーシックレコーディング（4.3.1～4.3.3項まで）とまったく同じなので、手順の説明は割愛します（保存するファイル名だけ、区別のため「GUIデスクトップ記録.txt」に変えてください）。

レコーディングを保存＆終了すると、次のようなワークフローが生成されます。

図　デスクトップレコーディングで作成したワークフロー

4.5　ベーシックレコーディングとデスクトップレコーディングの違い

ベーシックレコーディングとデスクトップレコーディングでは、できることはほぼ同じです。両者の違いがどこにあるかはわかりにくいのですが、以下のような相違点があります。

● [アプリを開始] で生成されるアクティビティが異なる

[アプリを開始] という同じ名称のボタンで生成されるアクティビティは、表示名も「notepad.exe 無題 - 'メモ帳' を開く」で同じです。しかし、プロパティパネルの先頭を見ると、ベーシックレコーディングでは「UiPath.Core.Activities.StartProcess」、デスクトップレコーディングでは「UiPath.Core.Activities.OpenApplication」となっており、それぞれ [プロセスを開始] アクティビティ、[アプリケーションを開く] アクティビティであることがわかります。

図　生成されるアクティビティの違い

ベーシックレコーディング

デスクトップレコーディング

● ほかのGUI操作アクティビティの配置構造が異なる

ベーシックレコーディングの [プロセスを開始] アクティビティは、それ以降の文字の入力やクリックなどのGUI操作のアクティビティとは独立していることがわかります。

一方、デスクトップレコーディングのほうは、アクティビティ内に [Do] という表示名のシーケンスアクティビティがあり、その中に文字の入力やクリックなどのGUI操作のアクティビティを包含するものとなっています。

図　生成される構造の違い

ベーシックレコーディング

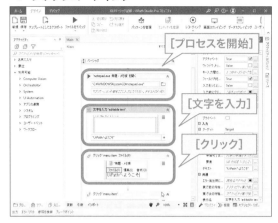

デスクトップレコーディング

● **GUI操作のアクティビティのセレクターが異なる**

　文字の入力やクリックなどの個々のGUI操作のアクティビティが、ほかのアクティビティに包含されているか、独立しているかは、操作対象の位置をUiPathが認識するためのセレクターの構造の違いになって現れます（セレクターについては、第10章で説明します）。

第5章

Excelファイルへの入出力

UiPathにはExcelを操作するためのアクティビティが多数用意されていますが、おもな用途としては、Excelに記述された既存データの読み込みや、Webから取得したデータをExcelファイルとして出力することでしょう。そこで、この章ではExcelからのデータの読み込みとExcelへのデータの書き出しについて説明します。

また、Excelは表形式でデータを表現するために使われることが多く、第3章で説明したデータテーブルとも親和性が高いため、この章では、書き出す対象となるデータの生成という位置付けで、データテーブルの処理方法の一つの技法であるテーブル行の繰り返し処理についても説明します。

この流れに沿って、この章では、次の技法を説明します。

- Excelファイルを開く方法
- Excelのセルの読み込み・書き出しの方法
- Excelの範囲(データテーブル)の読み込み・書き出しの方法
- データテーブルの行の繰り返し処理

5.1 Excelのセルの読み込みと書き出し

ここでは、既存のExcelファイルを開き、その中の特定のセルから文字列を読み取る操作、そして特定のセルに文字列を書き込むという操作を行います。

📋【作成するプロジェクト】Excelセル入出力
📄【使用するファイル】出欠確認.xlsx

事前に、C:¥UiPathTest内に下図の内容で「出欠確認.xlsx」というExcelファイルを作成(あるいはサンプルをダウンロードしてコピー)しておいてください。

図　出欠確認.xlsx

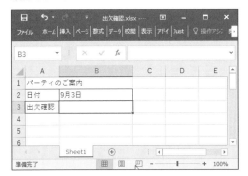

5.1.1　Excelファイルを開く

Excelを読み込み対象とするには[Excelアプリケーションスコープ]アクティビティを使います。

UiPath Studioで新規プロジェクト「Excelセル入出力」を作成します。C:¥UiPathTestに入っている「出欠確認.xlsx」を開くために、[Excelアプリケーションスコープ]アクティビティを配置し、「"C:¥UiPathTest¥出欠確認.xlsx"」を指定します。

5.1.2 セルの読み込み

次に、Excelに記載されているパーティの日付をセルから読み取ります。そして、出席するかどうかを尋ねるメッセージボックスを表示させます。

[セルを読み込み]アクティビティを[実行]という表示名のシーケンスアクティビティの中に配置し、シート名にデフォルトの「"Sheet1"」、セル「"B2"」を指定します。
読み取った日付の文字列を格納するためのString型の変数「input」を定義し、プロパティパネルの[結果]欄で指定します。

変数inputに読み込んだ日付のパーティに参加するかどうかを尋ねるため、[メッセージボックス]アクティビティを配置して、「input + "のパーティに参加しますか？"」という文字列を入力します。さらに、YesかNoで答えられるように、プロパティパネルの[ボタン]のプルダウンメニューから[YesNo]を選択します。

ユーザの選択結果を格納するためのString型の変数「answer」を定義し、プロパティパネルの[選択されたボタン]欄で指定します。

5.1.3 セルへの書き出し

メッセージボックスへのユーザの回答を、Excelのセルに書き出します。

ユーザの選択結果に従って出力する回答
内容（出席または欠席）を変えるため、[条
件分岐]アクティビティを配置し、[条
件]として「answer="Yes"」を指定しま
す。

[Elseを表示]をクリックして[Then]と
[Else]を表示させ、セルに書き込む文字
列を入れるString型の変数「output」を
定義します。

ThenとElseそれぞれに[代入]アクティ
ビティを配置して、左辺に「output」、右
辺（書き出す文字列）には、それぞれ「"出
席"」「"欠席"」を指定します。

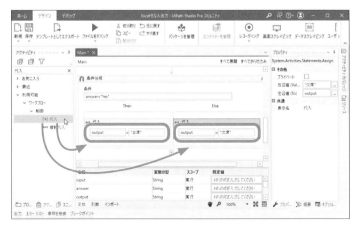

[セルに書き込み]アクティビティを配置
し、出欠回答欄のセル(B3)に変数
outputの内容を書き込むように指定し
ます。

これでワークフローが出来上がったので、［ファイルをデバッグ]をクリックして、ワークフローを実行します。
メッセージボックスにYesと回答すると、次のようにExcelに出欠回答が書き込まれます。

図　実行結果

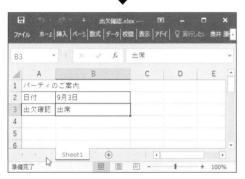

次に、既存のExcelファイルを開き、その中の特定の範囲からデータを読み取ってUiPath内にデータテーブルを作成します。そして、そのデータテーブルに手を加えたうえで、それを再びExcelに書き出すという操作を行います。

📋【作成するプロジェクト】Excel範囲入出力
📄【使用するファイル】世界の天気.xlsx

事前に下記の内容のExcelファイルを作成して、「世界の天気.xlsx」という名前でC:¥UiPathTest内に保存します(あるいはサンプルをダウンロードして該当フォルダにコピーします)。シート名は「気温摂氏表示」です。

図　世界の天気.xlsx

	A	B	C	D
1	都市	最高気温	最低気温	天気
2	東京	25	16	晴
3	ソウル	26	8	晴
4	上海	20	15	晴時々曇
5	台北	25	20	晴
6	ホノルル	26	21	晴時々曇
7	パリ	19	10	晴時々曇
8	ニューヨーク	19	6	晴一時雨

5.2.1　Excelファイルのオープンと範囲の読み込み

UiPath Studioで「Excel範囲入出力」というプロジェクトを新規に作成し、[Excelアプリケーションスコープ]アクティビティを配置して、開くファイルの指定で「"C:¥UiPathTest¥世界の天気.xlsx"」とします。

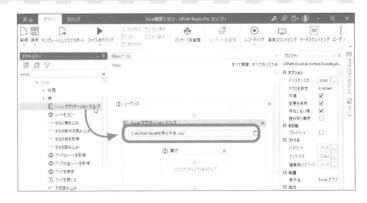

次に、読み込む範囲を指定する[範囲を
読み込み]アクティビティを配置します。
シート名は「"気温摂氏表示"」、読み込む
範囲はデフォルトのまま「""」とします。

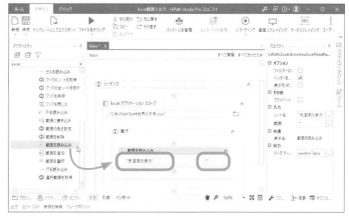

※「""」と指定すると、データが入っているセルの範囲を自動的に認識して読み込みます。なお、読み込むセルの範囲を固定する場合は「"A1:D8"」のように指定します。

また、DataTable型の変数「weather
Table」を定義し、[範囲を読み込み]アク
ティビティのプロパティパネルの[出力]
−[データテーブル]欄に指定します。こ
れにより、読み込んだデータがweather
Tableに格納されます。

また、プロパティパネルの[オプション]
−[ヘッダーを追加]にチェックを入れま
す。これは、最初の行をヘッダー(見出
し)行として扱うことを指定するもので
す。これにより、読み込まれた表の行の
カウントは、ヘッダーの下のA2を含む
行を0としてカウントします。

※ここでの変数定義の方法として、プロパティパネルの[データテーブル]欄でCtrl+kを押して[変数を設定:]を表示させ、「weatherTable」と書くと、DataTabel型の変数として定義してくれるので便利です。

5.2.2　データテーブルの処理 ～テーブル行の繰返し処理～

　次に、読み込んだデータテーブルを処理して、摂氏で表現されている「最高気温」「最低気温」の部分を華氏に置き換えましょう。データテーブル内では、行も列も0からカウントするので、「最高気温」はItem(1)、「最低気温」はItem(2)でデータにアクセスできます。

データテーブルを行ごとに処理するために[繰り返し（データテーブルの各行）]アクティビティを配置します。
ここで、[繰り返し]の部分に「Current Row」が入っていますが、これは次に指定するコレクションの各行を表します（これはDataRow型の変数です）。処理対象を指定する[次のコレクション内の各要素]には「weatherTable」を指定します

次に、各行の「最高気温」の列を摂氏から華氏に変える計算をするため、「最高気温」の列のデータを数値化するための[代入]アクティビティを[本体]という表示名のシーケンスアクティビティの中に配置します。
最高気温の数値を格納するためのInt32型の変数「celsius」を定義して、左辺に「celsius」、右辺に「CInt(CurrentRow.Item(1))」を指定します。

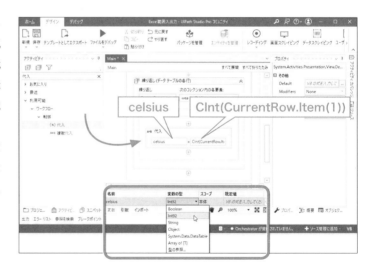

※読み取った値「CurrentRow.Item(1)」は文字列なので、CInt()関数をを使って数値化しています。

摂氏から華氏への変換を行う際、摂氏は整数ですが、計算結果は小数になるので、Double型の変数「fahrenheit」を定義します（Double型はプルダウンメニューにはないので、[型の参照...]を選択して、「System.Double」を検索して一覧から探してください）。

[代入]アクティビティを配置して、左辺に「fahrenheit」、右辺には変換式「celsius*9/5+32」を指定します。

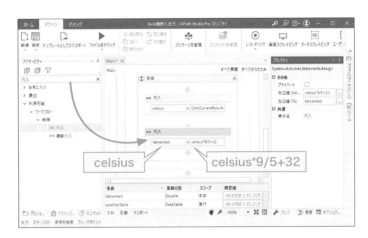

元のデータテーブルに結果を書き込むための[代入]アクティビティを配置して、左辺に「CurrentRow.Item(1)」、右辺に「fahrenheit.ToString("0.0")」を指定します。

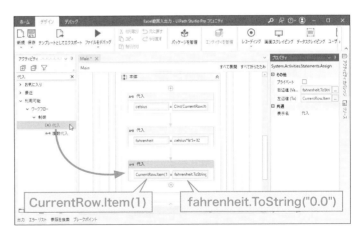

※計算結果はDouble型の浮動小数点なので、それを文字列化するためToStringメソッドを使います。また、小数点以下は1ケタにするよう書式設定は"0.0"と指定します。

次に、各行の「最低気温」の列を摂氏から華氏に変える計算ですが、これは「最高気温」の際に行った操作をCurrentRow.Item(2)に変えて行うだけです。3つの[代入]アクティビティを「最高気温」のときと同じ要領で指定してください。

変数celsiusとfahrenheitは、一時的なデータ格納のための変数なのでそのまま使います。

5.2.3　Excelファイルへの範囲の書き出し

　Excelからの読み込みと処理ができたところで、その結果のデータテーブルの内容を同じExcelの別のシートに書き出してみましょう。データテーブルの内容をExcelに出力するには[範囲に書き込み]アクティビティを利用します。

[範囲に書き込み]アクティビティを配置し、シート名として"気温華氏表示"と指定します。書き出し位置は範囲の左上のセル（デフォルトの「"A1"」でOK）を指定します。

[範囲に書き込み]アクティビティには2つの種類があるので注意してください。ここでは「利用可能＞アプリの連携＞Excel」の下にある[範囲に書き込み]アクティビティを使います。「利用可能＞システム＞ファイル＞ワークブック」の下にあるのは別ものです。

また、[範囲に書き込み]アクティビティは、[繰り返し（データテーブルの各行）]アクティビティの外に置かれるよう、枠線をよく見て配置してください。

書き出すデータテーブルは「weatherTable」で、ヘッダーも書き出したいのでプロパティパネルの[ヘッダーを追加]にチェックを入れます。

※シート名を指定した際、既存のシートがあればそのシートに上書きされます。その名前のシートがなければ新規にシートが作成されます。

以上でワークフローの作成は終了です。[ファイルをデバッグ]をクリックして、ワークフローを実行すると、元のExcelファイルに新しいシートが作成され、気温が華氏表示されたデータが出力されていることがわかります（なお、小数点以下がないセルがありますが、これはExcelがそのように自動的に変換したためです）。

第6章

動作を確認しながら
ワークフローを作成する

ワークフローを作成していく上で、発生したエラーの原因を一つひとつ特定して進めていく作業がどうしても発生します。このような、デバッグ作業の際に便利なのが、UiPath Studioのブレークポイント機能や、ステップごとの実行機能です。本章ではこれらの基本的な使い方について解説していきます。

6.1 ブレークポイントを設定する

　ワークフローを作成して「ファイルをデバッグ」で実行すると、思ったような動きをしなかったり、エラーが発生して処理が止まってしまうことがあります。そのようなときは、どこに問題があるかを探さなければなりません。これは通常のプログラム開発と同様のデバッグ作業です。

　UiPath Studioには、特定のアクティビティで処理を止めたり、アクティビティを一段階ずつ実行することで、個々のアクティビティで変数の値がどうなっているかを確認しながら開発を進める方法（デバッグ機能）が用意されています。それが、ブレークポイントとステップ実行機能です。

　ここでは、「5.2　Excelの範囲の読み込みと書き出し」で作成したプロジェクト「Excel範囲入出力」を使ってこれらの使い方を説明します。

6.1.1　ブレークポイントの設定

　「Excel範囲入出力」は、Excelの表を読み込むシンプルなプロジェクトでしたが、実際にどのようなデータが、どのタイミングで読み込まれたかを確認するためにブレークポイントを設定してみましょう。

「Excel範囲入出力」プロジェクトを開き、[デバッグ]タブをクリックしてデバッグ用のリボンを表示します。

[範囲を読み込み]アクティビティに焦点を当てた状態で、デバッグリボンにある[ブレークポイント]をクリックすると、赤い丸い印がアクティビティの左に付きます。
これで、このアクティビティがブレークポイントとなり、デバッグ時にここで処理が止まるようになります。

[ファイルをデバッグ]をクリックして実行すると、このブレークポイントで処理が止まり、アクティビティが水色の枠でハイライトされます。
左のペインのローカルパネルを開くと、この時点の変数などの値を確認できます。Excelからデータを読み込むデータテーブルの変数weatherTableを見ると、この時点ではnull（空）となっています。

[ステップオーバー]で次のアクティビティに進めると、データの読み込みが完了し、変数weatherTableに値が格納されていることがわかります。

ローカルパネル上で表示しきれていないデータについては、「値」の部分にカーソルを乗せるとペンマークが現れるので、それをクリックすることで内容を全部見ることができます。
デバックを終了するには[停止]ボタンを押します。

　このようにして、ブレークポイントで処理を止め、その時点での変数の値を確認することによって、意図した通りにワークフローが進んでいるかどうか、思い通りの値が入っているかなどを確認し、問題のある場所を特定するのに役立ちます。

6.1.2 ブレークポイントの解除

設定したブレークポイントの解除は次のようにします。

ブレークポイントが設定されたアクティ
ビティで[ブレークポイント]ボタンをク
リックすると、ブレークポイントが無効
化されます。表示も白抜きの赤丸に変わ
ります。

白抜きの赤丸の状態で、もう一度[ブレ
ークポイント]ボタンをクリックすると
ブレークポイントは完全に解除されま
す。

　白抜きの赤丸は、そこにブレークポイントがあったという痕跡です。ブレークポイント自体は無効化されてい
ますので、ここで処理が止まることはありません。

6.2　デバッグ時のアクティビティの進め方

　デバッグの際、アクティビティを実行するのに「ステップイン」「ステップオーバー」「ステップアウト」という３つの進め方が用意されています。それぞれの違いを説明します。

●ステップイン

　最も細かく処理を進める方法で、アクティビティを一つ一つ実行・停止します。アクティビティが階層構造をもつ場合でも、階層の中に入って処理の順番にアクティビティの動作を確認することができます。下位アクティビティがない場合は、同じ階層にある次のアクティビティに移ります。

●ステップオーバー

　現在のアクティビティを実行し、同じ階層にある次のアクティビティに移ります。アクティビティが階層構造をもつ場合は、下位の階層の処理をすべて実行した上で、同じアクティビティに戻ってきたところで止まります。後続の処理が上の階層に移る場合は、一つ上の階層のアクティビティに移ったところで停止します。

●ステップアウト

　アクティビティの上位階層のアクティビティがある場合に、同じ階層にある後続の一連のアクティビティを実行した上で、一つ上の階層のアクティビティに移ったところで停止します。

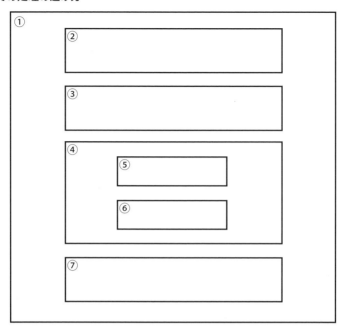

	ステップイン	ステップオーバー	ステップアウト
①から実行	①②③④⑤⑥④⑦①	①(②③④⑤⑥④⑦)①	①(②③④⑤⑥④⑦)①
②から実行	②③④⑤⑥④⑦①	②③④(⑤⑥)④⑦①	(②③④⑤⑥④⑦)①
⑤から実行	⑤⑥④⑦①	⑤⑥④⑦①	(⑤⑥)④(⑦)①

※カッコで括ったステップでは処理が止まらない

　細かい確認が必要な箇所では「ステップイン」、動作検証済みの部分は「ステップオーバー」や「ステップアウト」を利用するなど、使い分けて効率的に開発を進めるとよいでしょう。

第7章

Webページからデータを
取得する

Webページから情報を取得するには、ブラウザーを使って
Webページを開き、クリック操作などでリンクをたどり、所望の
データが書かれたページを表示させます。そして、Webページか
らデータを取得して、データを加工処理し、Excelなど他の媒
体に書き込みを行います。この流れに沿って、この章では、次の
技法を説明します。

・操作対象となるブラウザーの設定方法
・WebページをたどるWebレコーディング機能
・Webページのデータを取得するデータスクレイピング
・表データ(DataTable型のデータ)のExcelへの書き込み
・VB.NETを使ったデータ処理

7.1 UiPathが対応しているWebブラウザー

UiPathでは、Webによる表示・読み取りなどの操作対象となるブラウザーとして、IE、Chrome、Edge、Firefoxに対応していますが、デフォルトではマイクロソフト社のIE（Internet Explorer）が設定されています。ただし、Windows 10以降ではデフォルトのブラウザーもEdgeに移行していることもあり、最近ではIEを利用している人は少ないかと思います。このため、ここでは、一般ユーザーのブラウザーの利用状況を考え、Chromeを使って説明します。

7.1.1 IE以外のブラウザーを利用するための設定

ChromeなどIE以外のブラウザーを使うには、UiPathの機能を拡張する必要があります。その設定方法を見ていきましょう。なお、本書ではChromeを使うための設定方法を例示しますが、EdgeやFirefoxについても必要な準備や設定はほぼ同じです。それらのブラウザーを利用する場合は、本書全体を通して適宜読み替えるようにしてください。

UiPath Studioのホーム画面で、左に表示されるメニューから「ツール」をクリックします。

「UiPath拡張機能」の中に「Chrome」「Firefox」「Edge」があるので、「Chrome」を選択します。

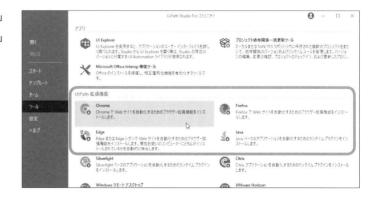

「Chromeで有効化してからブラウザーを再起動してください」というメッセージが出るのを確認して[OK]をクリックします。

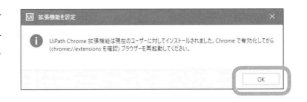

Chromeを起動すると、拡張機能（UiPath Web Automation）が追加された旨のダイアログが右上に表示されます。ここで[拡張機能を有効にする]をクリックすれば準備完了です。

Chromeの拡張機能設定（Chromeの画面右上にある[：]をクリックして[設定]→[拡張機能]）を見ると、UiPathの拡張機能が追加されているのが確認できます。

7.1.2 Chromeでローカルファイルを開くための設定

本書では、Chromeでローカルファイルを開いたり、その中の要素を選択するサンプルも登場します。そのためにはChromeに追加したUiPathの拡張機能で、ファイルへのアクセスを許可する設定を有効にする必要があります。

Chromeの拡張機能設定にアクセスして、「UiPath Web Automation」の[詳細]をクリックします。

[ファイルのURLへのアクセスを許可する]をONにします(その行内でクリックすれば切り替わります)。

　IE以外のブラウザーが利用できるようになったところで、さっそくUiPath Studioを用いてブラウザーの操作を自動化していきましょう。ここでは、気象庁のWebページにある統計資料を参照して、資料としてExcelファイルにまとめる、という一連の作業を想定して解説を進めていきます。

　Webページをたどる操作を記録するには、4章で解説したレコーディング機能が便利です。ここではブラウザーでレコーディングを行うために用意されている「Webレコーディング」を使います。

　Webレコーディングは、デスクトップレコーディング機能をWebブラウザー向けに特化させたレコーディング機能といえます。レコーディングした内容は最終的に[Web]という表示名のシーケンスアクティビティを生成してその中に出力しますが、これはデスクトップレコーディングにおける[デスクトップ]という表示名のシーケンスアクティビティと同じです（各アクティビティでの要素指定は部分セレクターを使います）。

📋【作成するプロジェクト】Webデータ取得

7.2.1　WebレコーディングでWebページをたどる

最初に、下準備としてChromeで気象庁のWebページを開いておきます。

・気象庁のWebページ

https://www.jma.go.jp/jma/

※出典：気象庁ホームページ（https://www.jma.go.jp/jma/index.html）

UiPath Studioの新規プロジェクトとして、「Webデータ取得」という名前のプロセスを作成します。

デザインリボンの[レコーディング]プルダウンから[Web]を選択します。

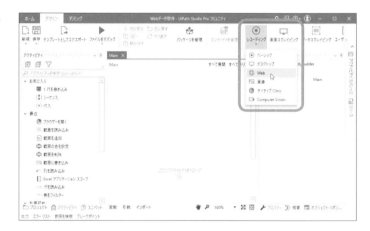

表示される[Webレコーディング]の画面で[ブラウザーを開く]の上部をクリックします。

最初に開いておいた気象庁のホームページの全体を選択します。

※出典：気象庁ホームページ（https://www.jma.go.jp/jma/index.html）

URLを確認するダイアログボックスが
表示されるので、[OK]ボタンを押しま
す。

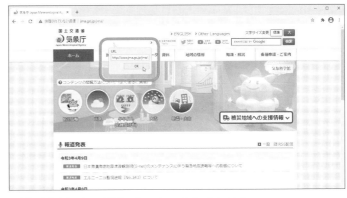

※出典：気象庁ホームページ(https://www.jma.go.jp/jma/index.html)

[記録]をクリックして一連の操作の記録
を開始します。

「各種データ・資料」のリンク部分をクリ
ックします。

※出典：気象庁ホームページ(https://www.jma.go.jp/jma/index.html)

移動したページで「過去の台風情報」をク
リックします。

「過去の台風情報」は少し下のほうにある
ので、画面をスクロールしなければ見え
ないかもしれません。その場合は、スク
ロール操作が記録されないように、F2
キーを押して記録遅延させてからスクロ
ールし、その後で「過去の台風情報」をク
リックしてください。

※出典：気象庁ホームページ「各種データ・資料」(https://www.jma.go.jp/jma/menu/menureport.html)

移動したページで「台風の統計資料」をク
リックします。

※出典：気象庁ホームページ「過去の台風資料」(https://www.data.jma.go.jp/fcd/yoho/typhoon/index.html)

移動したページで「台風の発生数」をクリ
ックします。

※出典：気象庁ホームページ「台風の統計資料」(https://www.data.jma.go.jp/yoho/typhoon/statistics/index.html)

すると過去（1951年以降）の台風の発生
数の一覧を含むページが表示されます。

※出典：気象庁ホームページ「台風の発生数」(https://www.data.jma.go.jp/yoho/typhoon/statistics/generation/generation.html)

● **Webレコーディングした内容を保存する**

　これで、気象庁のWebサイトにある台風の発生数が確認できるページまでたどり着くことができました。最後に、これまでの操作を保存してレコーディングを終了すれば、一連の操作がアクティビティとしてワークフロー化されます。

Escキーで記録を終了し、「Webレコー
ディング」画面に戻ります。
そして[保存&終了]をクリックします。

すると、デザイナーパネルに、記録した一連のクリック操作に相当するアクティビティが入った[Web]という表示名のシーケンスアクティビティが生成されます。

●Webレコーディングした内容を実行してみる

ここまで作成したら、[ファイルをデバッグ]をクリックしてワークフローを実行してみましょう。気象庁のサイトが開いて、次々ページを移動する様子を確認できたかと思います。

ちなみに、[http://www.jma.go.jp/jma/ を開く]という表示名のブラウザーを開くアクティビティのプロパティを確認してみると、[ブラウザーの種類]がChromeとなっています。最初に[Webレコーディング]の[ブラウザーを開く]で、Chromeブラウザーの表示を選択したことにより、自動的にChromeが設定されていることがわかります（EdgeやFirefoxで作成した場合も同様で、それぞれのブラウザー名が表示されます）。

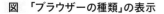

図 「ブラウザーの種類」の表示

[ブラウザーを開く]アクティビティでのブラウザー指定

Webレコーディングでは、記録時に選択したブラウザーが自動的に[ブラウザーを開く]アクティビティに設定されましたが、単体で[ブラウザーを開く]アクティビティを配置する場合にIE以外のブラウザーを使う場合は注意が必要です。

[ブラウザーを開く]アクティビティを配置して、プロパティパネルの[ブラウザーの種類]という項目を確認してください。デフォルトではこの部分は未指定となっていますが、この状態ではIEが開きます。

デフォルトで動作するブラウザーを変更することは、現状のUiPath Studioではできません。このため、ワークフロー作成時に毎回選択する必要があります。

図 「ブラウザーの種類」を変更する

IE以外のブラウザーを使うときは、ここで明示的に選択して指定する必要がある

なお、使うブラウザーによって、生成されるセレクター(第10章)が異なる場合があります。このため、たとえばChromeで作成したワークフローを、[ブラウザーの種類]を切り替えてChrome以外のブラウザーに変更しても、そのままでは動作しない場合があります。ブラウザーを変えるときには、基本的に対象となるブラウザーでワークフローを作り直したほうが無難です。

7.3　データスクレイピングによるWeb情報の取得

次に、気象庁のWebサイトの「台風の発生数」のページに表示されている表、「2020年までの台風の発生数」の値をDataTable型の変数に読み取ってみましょう。

7.3.1　Webページからのデータの抽出

先ほどのWebレコーディングの続きにアクティビティを配置していきます。

記録された最後の［クリック］アクティビティ（「台風の発生数」をクリックしたもの）にフォーカスしたうえで、デザインリボンの［データスクレイピング］をクリックします。ここで最後の［クリック］アクティビティにフォーカスしておくことによって、その後に［データスクレイピング］のアクティビティが配置されるようになります。

これによって、その後のアクティビティ配置（包含関係）も変わります。そこが変わると、たとえば、後で配置する［タブを閉じる］アクティビティが機能しなくなることもありますので気を付けてください（UiPathでは、アクティビティの包含関係が重要な意味を持ちます）。

もしわからなくなったら、サンプルのプロジェクトを開いて見比べてください。

「抽出ウィザード」画面が現れて、データの取得対象の選択を行う旨の説明が出ます。確認して「次へ」をクリックします。

スクリーン上に見えているものが選択可能になるので、取得したい表のどこかを選択します。

※出典：気象庁ホームページ「台風の発生数」(https://www.data.jma.go.jp/yoho/typhoon/statistics/generation/generation.html)

UiPathは、選択した箇所が表の中のセルであることを認識し、表全体としてデータを取得するか聞いてきます。[はい]をクリックします。

「抽出ウィザード」画面が現れて、選択した箇所の「プレビューデータ」が表示されます。
今回はデータを全件抽出したいので、下部にある「結果件数の最大値」を「0」に変更して（「0」で全件抽出）、[完了]ボタンを押します。

「次へのリンクを指定」画面が表示されます。

抽出するデータが複数ページに渡って存在する場合は、ここで[はい]を選択して続きのデータをたどるリンクを指定します。今回は1つのページに表全体が入っているため[いいえ]をクリックします。

これで、データスクレイピングの指定が終わり、デザイナーパネルのワークフローに[データスクレイピング]という表示名のシーケンスアクティビティが追加されました。ブラウザーから表データを抽出するための一連のアクティビティが入っていることがわかります。

[Do]という表示名のシーケンスアクティビティの中の、表データを抽出するための[構造化データを抽出]アクティビティをクリックしてフォーカスすると、DataTable型の変数ExtractDataTableが定義されており、プロパティパネルを見ると、抽出結果がExtractDataTableに入るよう設定されています。この後でExtractDataTableを出力するため、変数のスコープを「Web」に変えておきます。

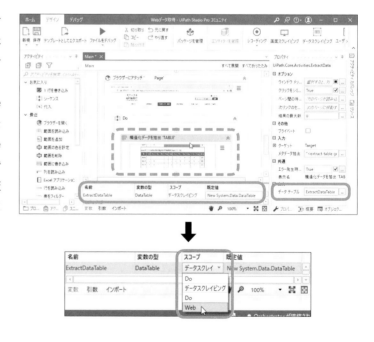

これでデータをWebページから取得で
きたので、最後にブラウザーを閉じてお
きます。
[データスクレイピング]という表示名の
シーケンスアクティビティの後に[タブ
を閉じる]アクティビティを配置します。

7.3.2　抽出したデータのExcelへの出力

　データスクレイピングの結果を確認するため、読み取った表が入っているExtractDataTableをExcelに書き出
してみましょう。

[タブを閉じる]アクティビティに続け
て、表を出力するExcelファイルを指定
するための[Excelアプリケーションスコ
ープ]アクティビティを配置します。ファ
イル名は二重引用符で囲んで
「"C:¥UiPathTest¥台風の発生数.xlsx"」
とします。

7

Webページからデータを取得する

[実行]という表示名のシーケンスアクティビティの中に[範囲に書き込み]アクティビティを配置し、書き込み開始セルとして「"A1"」、書き込むデータテーブルとして「ExtractDataTable」を指定します。また、プロパティパネルで[ヘッダーの追加]にチェックを入れて表の見出し行も出力するよう設定します。

[範囲に書き込み]アクティビティには2つの種類があるので注意してください。ここでは「利用可能＞アプリの連携＞Excel」の下にある[範囲に書き込み]アクティビティを使います。「利用可能＞システム＞ファイル＞ワークブック」の下にあるのは別ものです。

　ここまでのワークフローを[ファイルをデバッグ]で実行すると、C:¥UiPathTestフォルダーに「台風の発生数.xlsx」というExcelファイルが出力されます。

図　「台風の発生数.xlsx」の内容

	A	B	C	D	E	F	G	H	I	J	K	L	M	N
1	年	1月	2月	3月	4月	5月	6月	7月	8月	9月	10月	11月	12月	年間
2	2020					1	1		8	3	6	3	1	23
3	2019	1	1				1	4	5	6	4	6	1	29
4	2018	1	1	1			4	5	9	4	1	3		29
5	2017				1		1	8	6	3	3	3	2	27
6	2016							4	7	7	4	3	1	26
7	2015	1	1	2	1	2	2	3	4	5	4	1	1	27
8	2014	2	1		2		2	5	1	5	2	1	2	23
9	2013	1	1				2	6	8	6	2			31
10	2012			1			1	4	4	5	3	5	1	25
11	2011					2	3	4	3	7	1		1	21
12	2010			1				2	5	4	2			14
13	2009					2	2	2	5	7	3	1		22
14	2008				1	4	1	2	4	4	2	3	1	22
15	2007				1	1	1	3	4	5	6	4		24
16	2006					1	2	2	7	3	4	2	2	23
17	2005	1		1	1		1	5	5	5	2			23
18	2004				1	2	5	2	8	3	3	3	2	29
19	2003	1			2	2	2	2	5	5	3	2		21
20	2002	1	1			1	3	5	6	4	2	2		26
21	2001					1	2	5	6	5	3	1	3	26
22	2000					2		5	6	5	2	2	1	23
23	1999			2		1	4	6	6	2	2	1		26
24	1998							1	3	5	2	3	2	16
25	1997			2	3	3	4	6	4	6	3	2	1	28

7.4 VB.NETによるデータ処理

次に、取得したデータをそのまま書き出すのではなく、UiPath側で加工してから出力するサンプルを作成します。ここでは、前節で取得した台風の発生数のデータから、「1年間に発生した台風の数が30以上だった年とその台風発生数の表」を作っていきます。

手順としては、データテーブルの行を繰り返し処理で調べて30以上の年のデータを出力用の表に移し替えるという方法もありますが、VB.NET式が使えるというUiPathの強みを生かし、ここではVB.NETのデータテーブル関連のメソッドを使います。

記述したいのは、次のようなVB.NETの式です。

**ExtractDataTable.Select("年間 >='30'","年 DESC").CopyToDataTable.DefaultView.
ToTable(False,"年","年間")**

DataTable型の変数ExtractDataTableに対して、Selectメソッドを使い「Select("年間 >='30'","年 DESC")」と記述しています。これは「年間」の列が30以上の年の行を選択し、「年」の値で降順(DESC)になるようにソートするという意味です。

その結果、複数の行が取り出されますが、それをCopyToDataTableメソッドで再びDataTable型に変換し、DefaultView.ToTableで抜き出したい列を名前で指定します。ここでは、ヘッダーが"年"と"年間"の列を抜き出しています。Falseは重複行も出力するという意味です(Trueにすると重複行は削除されます)。

7.4.1 「変数を作成」機能と入力支援機能を利用して作成する

ここでは、この章で作成した「Webデータ取得」プロジェクトを修正する形で作業を行います。

まず、取得データ確認のために配置した[Excelアプリケーションスコープ]アクティビティを無効化しておきましょう。[Excelアプリケーションスコープ]アクティビティを右クリックして出るメニューから[アクティビティを無効化]を選択します。

無効化されたアクティビティは[コメントアウト]アクティビティの中の[無視されたアクティビティ]に含まれます。再度有効化したい場合は、[コメントアウト]アクティビティを右クリックして[アクティビティを有効化]を選択します。

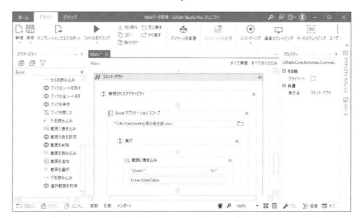

※ここでは[アクティビティを無効化]の解説のために[Excelアプリケーションスコープ]アクティビティを残していますが、再利用することのない処理は削除してもかまいません。

[コメントアウト]アクティビティの次に[データテーブルを構築]アクティビティを配置します。

［データテーブルを構築］ボタンをクリックして、「年」（String型）と「台風発生回数」（Int32型）の2つの列を持つデータテーブルを定義します。

定義したデータテーブルを新しい変数に割り当てます。
プロパティパネルの［データテーブル］欄にマウスを近づけると現れる「＋」をクリックして［変数を作成］を選択します。（「Ctrl+k」でも同じことができます）

※枠内を選択した状態で右クリックすると現れるプルダウンメニューもありますし、ショートカットキーとしてCtrl+kも割り当てられています。どの操作方法でもかまいません。

新しい変数名として「OutputDataTable」と入力します。これだけで、変数の定義が完了します（変数パネルを確認すると、DataTable型のOutputDataTableが定義されていることがわかります）。

7.4　VB.NET によるデータ処理　**135**

次に、VB.NETの関数を使ってデータテーブルを操作するために、[データテーブルを構築]アクティビティの後ろに[代入]アクティビティを配置し、左辺に変数「OutputDataTable」を指定します。

右辺に前述のVB.NETの式を入力していきますが、ここでは入力支援機能を利用した入力操作を説明します。今回は式の指定がとても長く扱いづらいので、「式エディター」を利用します。式エディターは、プロパティパネルで[…]をクリックすると開くことができます。

まず、「E」と1文字入力した時点で「ExtractDataTable」が候補に現れるので選択します。

次にメソッド指定のためピリオド「.」を入力すると、使用可能なメソッドがリスト表示されるので、その中から「Select」を選択します。

※最終的に入力したい式はこちら
ExtractDataTable.Select(" 年 間 >='30'"," 年 DESC").CopyToDataTable.DefaultView.ToTable(False," 年 ","年間 ")

Selectの中身については入力支援が機能しないので手打ちするしかありません。「Select(" 年間 >='30'"," 年 DESC")」と入力します。

続いてピリオド「.」を入力してメソッド
の候補をリスト表示し、「CopyTo
DataTable(Of...)」を選択します。

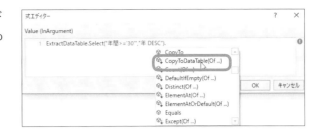

同様にして、ピリオド「.」を入力→
「DefaultView」、ピリオド「.」を入力
→「ToTable」を選択し、ToTableの中身
は手打ちで「ToTable(False," 年 "," 年間
")」と入力して、VB式を完成させます。
完成したら[OK]ボタンを押して式エデ
ィターを終了します。

7.4.2 処理したデータのExcelへの出力

それでは、VB.NETを使ってデータテーブルの加工処理を行った結果をExcelに書き出します。

[代入]アクティビティの後に[Excelアプ
リケーションスコープ]アクティビティ
を配置します。出力先のファイルとして
「"C:¥UiPathTest¥ 台風の多かった年の
表.xlsx"」と指定します。

[実行]という表示名のシーケンスアクティビティの中に、[範囲に書き込み]アクティビティを配置して、「"Sheet1"」の「"A1"」セルを開始位置とし、書き出す内容として「OutputDataTable」を指定します。また、プロパティパネルで[ヘッダーを追加]にチェックを入れます。

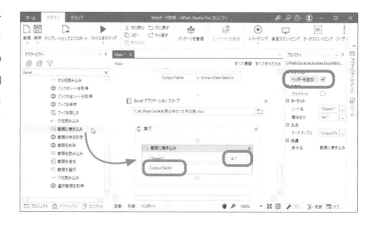

　ここまで作成したら「ファイルをデバッグ」でワークフローを実行してみましょう。C:¥UiPathTestフォルダーに次のようなExcelファイル（「台風の多かった年の表.xlsx」）が出力されたはずです。

図　「台風の多かった年の表.xlsx」の内容

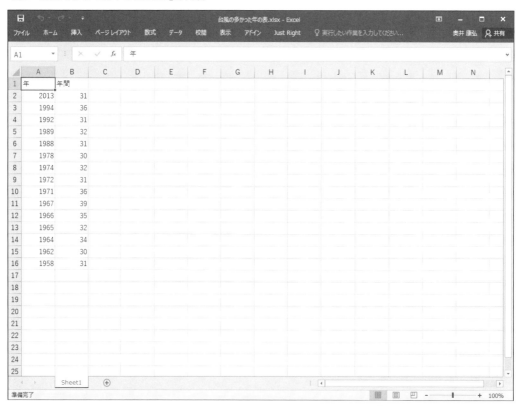

第8章

メール操作の自動化

メールを送受信する際に、Outlookなどのメールソフトを使うことが多いでしょう。UiPathはそのようなメールソフトの操作を自動化できます。さらに、メールアドレス（メールアカウント）を管理しているメールサーバーを直接操作することもできます。

この章では、メールソフトの操作とメールサーバーの操作によるメール送受信の自動化について説明します。

取り上げるのは以下の技法です。

- Outlook操作によるメールの送受信
- 添付ファイルの指定方法
- ワークフローのテンプレート作成
- SMTP／POP3／IMAPを直接操作する方法

8.1　Outlookを利用したメールの送受信

　UiPathでは、さまざまなメールソフトを操作することができます。PC上で普段使っているメールソフトの操作を自動化するイメージです。その中でも、Outlookに関してはアクティビティが用意されているので、簡単に操作することができます。ここではOutlookのメール送受信の自動化について説明します。

　なお、Outlookを普段から利用していない場合は、この作業を進める前にOutlookでメールを送受信できるようにアカウントやメールサーバーの設定を済ませておく必要があります。

　そもそもメールソフトを介さずに自動化したいという方は、「8.5　メールサーバーの操作の自動化」を参照してください。ただし、解説の都合上8.1節で作成するOutlook用のワークフローを流用しますので、全体の流れを理解するうえでは順にワークフロー作成を進めていただくことをおすすめします（8.1節で作成したワークフローを8.4節でテンプレート化し、8.5節でテンプレートを利用する流れになっています）。

8.1.1　メールを送信する

　さっそくOutlookのメール送信を行うプロジェクト、「Outlookメール送信」を作っていきましょう。なお、UiPathによるOutlookでのメール送信は、Outlookを起動させておかなくても実行できます。

📇【作成するプロジェクト】Outlookメール送信
📄【使用するファイル】お知らせ1.pdf

新規プロジェクト「Outlookメール送信」を作成し、[Outlookメールメッセージを送信]アクティビティを配置します。

アクティビティ内の[宛先]に送信先のメールアドレス、[件名]にメールの件名、[本文]にメールの本文テキストを指定します(テキストを直接書く場合は二重引用符で囲むことを忘れないようにしましょう)。

右図サンプルでは、件名を「"UiPath Outlookメール送信"」、本体を「"これは、UiPathによるOutlookメール送信テストです。"」と指定しています。

※宛先には自分が受け取れるメールアドレスを指定してお試しください。

複数のメールアカウントが登録されている場合は、どのアカウントを使って送信するかも指定します。この指定はプロパティパネルの[アカウント]で行います。アカウントが1つしかない場合は空欄のままでかまいません。

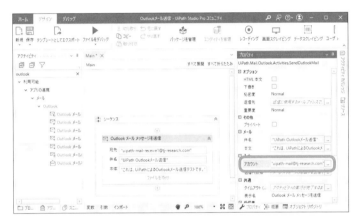

※複数アカウントが登録されている場合に空欄のままにすると、Outlookに設定されているデフォルトのメールアカウントを使って送信します。

これで[ファイルをデバッグ]を実行すると送付先にメールが届きます。

図 UiPathから送信したメール

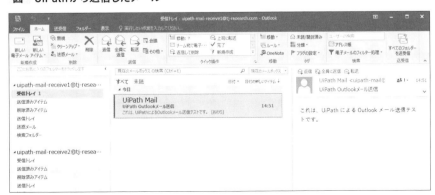

●直書き部分を変数に置き換える

　[Outlookメールメッセージを送信]アクティビティでの[宛先][件名][本体]の指定ですが、自動化することが目的であれば、直接テキストを書くというのは現実のワークフローでは考えにくく、変数を使うことになるでしょう。そこで、変数を使ってワークフローを書き直してみます。

String型の変数「address」「subject」「body」を定義し、[代入]アクティビティであらかじめ内容をセットしたうえで、[Outlookメールメッセージを送信]アクティビティでその変数を指定します。

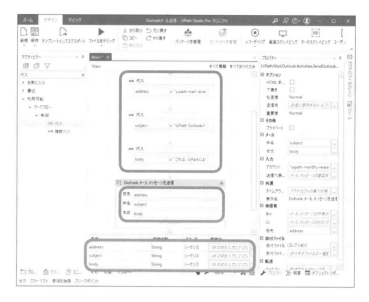

　これで[ファイルをデバッグ]を実行すると先ほどと同じ結果が得られます。この例でも、[代入]アクティビティで変数に値を直接代入していますが、実際に自動化を行う場合は、この箇所で外部からデータを読み取り、繰り返し処理などで値を設定することになります。

8.1.2　送信メールへのファイル添付

　メールには、ファイルを添付することもできます。前項のワークフローに添付ファイルの指定を加えてみましょう。[Outlookメールメッセージを送信]アクティビティで添付するファイルのリストを指定することができます。

[Outlookメールメッセージを送信]アクティビティ内の[ファイルの添付]をクリックするか、プロパティパネルの[添付ファイル]の右端の[…]をクリックします。

「ファイル」画面が開くので、[引数の作成]をクリックします。すると1行目に「方向」が「入力」、「型」が「String」と表示されます。

「値」の部分に添付したいファイルを指定します(ここでは「"C:¥UiPathTest¥sendMail¥お知らせ1.pdf"」とします)。
C:¥UiPathTestフォルダーの下にsendMailサブフォルダーを作成し、「お知らせ1.pdf」「お知らせ2.pdf」を入れておいてください。PDFの内容はなんでも構いません。あるいは、ダウンロードサンプルにはすでにそれらのサブフォルダーとPDFファイルが用意されているので、それを使ってください。

複数のファイルを添付する場合は、必要なだけ「引数の作成」をクリックして指定します(右図では、「お知らせ2.PDF」も添付しています)。そして[OK]ボタンを押します。

これで[ファイルをデバッグ]を実行すると、送付先のアドレスに添付ファイル付きのメールが送信されます。

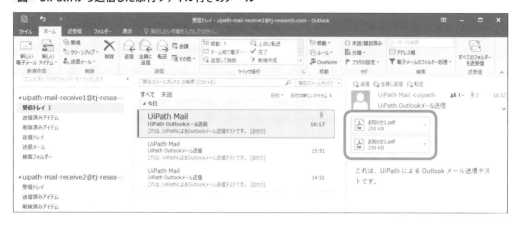

8.1.3　受信メールを保存する

　次にOutlookが受信したメールを保存する方法を説明します。これには［Outlookメールメッセージを取得］アクティビティを使います。こちらもメール送信と同様、Outlookが起動していなくても実行できます。ただし、UiPathが取得するのは、ユーザーのPC上のOutlookがメールサーバーから取得したメールが対象です。したがって、自分宛てのメールを次々とUiPathで取得したいのであれば、Outlookを起動させて一定時間の間隔でメールを受信しておく必要があります。

📋【作成するプロジェクト】Outlookメール受信

新規プロジェクト「Outlookメール受信」を作成して、［Outlookメールメッセージを取得］アクティビティを配置します。そして、取得先のメールアドレスとメールソフトでの格納先フォルダー名をプロパティパネルの［アカウント］と［メールフォルダー］項目に指定します。メールフォルダーは、Outlookのデフォルトだと「"受信トレイ"」になるでしょう。UiPath Studioではここに「"Inbox"」という英語のOutlookのフォルダー名が入っていますが、そのままではエラーになりますので、必ず皆さんが使っている日本語のフォルダー名に変えてください。

次に、取得したメールを格納する変数を
指定します。プロパティパネルの[メッセ
ージ]のフィールドでCtrl+kを押して[変
数を作成]を表示させ、変数「message
List」を作成します（この方法で作成する
と、型の指定を含めた変数の定義が自動
的に行われます）。

変数定義画面でデータ型を確認すると、
「List<MailMessage>型」と表示されて
います。これは正式フル名称は「System.
Collections.Generic.List<System.
Net.Mail.MailMessage>」であり、メー
ルメッセージ（System.Net.Mail.Mail
Message）のリストを表す型です。

※変数messageListには、その時点でメールフォルダーに入っている未読のメールが複数入るので、
　messageList(0)、messageList(1)、…… という配列で個々のメールを指定できます。

プロパティパネルの[オプション]を見る
と、デフォルトで「未読メッセージのみ」
にチェックが入っています。これは既読
メッセージを読まないようにするためで
す。
今回は、UiPathでOutlookのメールを
取得したあとでもう一度実行したときに
重複して読み込まないよう、その下の
[開封済みにする]にもチェックを入れて
おきます。

8.1 Outlookを利用したメールの送受信　145

変数messageListに読み込まれるすべてのメールを取り出すために、[繰り返し（コレクションの各要素）]アクティビティを配置します。

[次のコレクション内の各要素]として変数「messageList」、そしてプロパティパネルの[TypeArgument]項目でデータ型を「System.Net.Mail.MailMessage」型に変更します（[型の参照...]から検索します）。

これにより、[繰り返し（コレクションの各要素）]アクティビティ内では、変数messageListの配列が変数itemで参照できるようになります。

※ここで指定するのは、変数messsageListのデータ型ではなく、"リスト内の個々のデータ"のデータ型（System.Net.Mail.MailMessage型）であることに留意してください。

受け取ったメールをPC上に格納するため、［本文］という表示名のシーケンスアクティビティの中に［メールメッセージを保存］アクティビティを配置します。ここで、［メールメッセージ］の部分には、個々のメールが繰り返し割り当てられる変数「item」を指定します。
［ファイルのパス］については長くなるので、下記に記します。

●ファイルのパスの指定

　［ファイルのパス］は、メールを保存する際のファイル名となります。今回はファイル名が重複しないよう、「mail-」の後に「送信元のメールアドレス」「メールが送られた日付と時間」を連結させたファイル名にしようと思います。

・送信元のメールアドレス

　メールメッセージのメソッドSenderEmailAddressを使って「item.SenderEmailAddress.ToString」で表します。

・メールが送られた日付と時間

　メールメッセージのヘッダーから情報を取得するためのHeadersメソッドに、引数 "Date" を渡して「item.Headers("Date")」で表せます。ただし、これで取得できる日付時刻情報は「Mon, 03 May 2021 06:39:58 +0900」という形式であり、ファイル名に使うことのできない「:」が入っています。そこで「:」を「-」に変えるため、さらに文字置換のReplaceメソッドも使い、「item.Headers("Date").Replace(":","-")」とします。

　最後にメールの拡張子「.eml」を付けると、次のようなファイル名が生成されることになります。

mail-uipath-mail@tj-research.com Mon, 03 May 2021 07-38-37 +0900.eml

　なお、メールの保存先として今回は「"C:\UiPathTest\receiveMail\"」フォルダーを指定するので、事前にフォルダーを用意しておいてください。
　以上から、［ファイルのパス］に指定するパスは下記のようになります（アドレスと日付を分けるため、半角ブランク「" "」を入れてあります）。

```
"C:\UiPathTest\receiveMail\mail-" + item.SenderEmailAddress.ToString + " " + item.Headers("Date").
Replace(":","-")+ ".eml"
```

●ファイル名に乱数を追加する

　通常、上記のパスで問題なく動作すると思いますが、同じ送信元から同じ秒内に複数のメールが送られてメール名が重複する可能性を考慮して、やや趣味的になりますが、乱数を発生させてファイル名の末尾に付けてみましょう。

System.Random 型の変数「randomNumber」を定義します。

既定値に「new Random」を指定して、VB.NET の乱数クラス Random のインスタンスを生成しておきます。

乱数を1～10000の間の整数で発生させることにします。そうするには、Nextメソッドを使って「randomNumber.Next(1,10001)」と書きます。

これをファイル名で使うために、[メールメッセージを保存]アクティビティの前に[代入]アクティビティを配置して、String型の変数「randomString」を定義して、乱数を「randomNumber.Next(1,10001).ToString」で文字列化して代入しておきます。

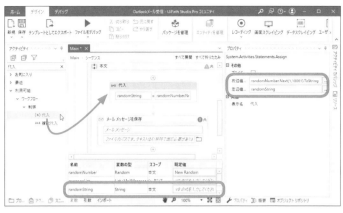

※つまり、[代入]アクティビティの左辺に「randomString」、右辺に「randomNumber.Next(1,10001).ToString」が入ります。

全体としての[ファイルのパス]の指定は、次のようになります(指定が長いので式エディターを使うとよいでしょう)。
「"C:¥UiPathTest¥receiveMail¥mail-" + item.SenderEmailAddress.ToString + " " + item.Headers("Date").Replace(":","-") + " #" + randomString + ".eml"」
なお、「" #"」は、乱数部分とその前の部分を区切るために入れた文字列です。

※このファイル名は、あくまで本書での指定例です。

　これでOutlookが受信したメールをUiPathで取得して保存するワークフローは完成です。設定したメールアドレスにいくつかメールを送って、その後Outlookで受信し、メールを開かず未読の状態でUiPath Studioで[ファイルをデバッグ]を実行すると、指定したフォルダーにそれらに対応するファイルが格納されていることを確認できます。

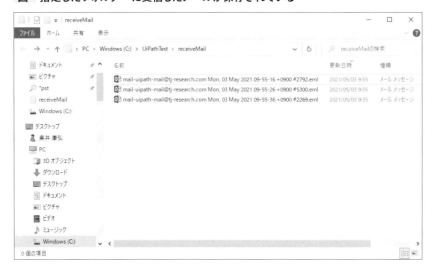

8.1.4　添付ファイルのダウンロード

　メールの保存だけではなく、添付ファイルをダウンロードすることもできます。これには[添付ファイルを保存]アクティビティを使います。その指定を8.1.3項のワークフロー（Outlookメール受信）に追記していきます。

[添付ファイルを保存]アクティビティを
[メールメッセージを保存]アクティビティ
の後に配置します。

［メールメッセージ］の部分には変数「item」を指定します。

［フォルダーのパス］には、添付ファイルを格納するフォルダーを指定します。ここではどのメールの添付ファイルかがわかるように、先ほどのメール保存で使ったファイル名と同じ名前（拡張子を除く）でフォルダーを指定することにします。「"C:¥UiPathTest¥receiveMail¥mail-" + item.SenderEmailAddress.ToString + " " + item.Headers("Date").Replace (":","-") + " #" + randomString」

　設定したメールアドレスにファイルを添付したメールを送り、Outlookで受信して、メールを開かず未読の状態でUiPath Studioで［ファイルをデバッグ］を実行すると、指定したフォルダー配下に、メールファイル（.eml）と、個々のメールに対応して新たに作成されたフォルダーが生成され、その中に添付ファイルが入っていることを確認できます。

図　添付ファイルも保存されている

8.2 送付先リストを使ったメールの一斉送信

メールソフト（Outlook）を利用したメールの送受信のしくみを理解したところで、Excelにまとめたメール送信リストに基づくメール一斉送信のワークフローを作ってみましょう。

【作成するプロジェクト】Excelリストによるメール送信

【使用するファイル】メール送付リスト.xlsx、お知らせ1.pdf、お知らせ2.pdf、お知らせ3.pdf

下準備として、「送信先」「件名」「本文」「添付ファイル」を記したExcelファイルを作成し、「メール送付リスト.xlsx」というファイル名で保存します（「送信先」は、ご自身で確認できる宛先でお試しください）。

図　メール送付リスト.xlsx

これを読み込み、各送付先にメールを送りましょう。

新規プロジェクト「Excelリストによるメ
ール送信」を作成し、[Excelアプリケー
ションスコープ]アクティビティを配置
します。
読み込むファイルとして「"C:¥UiPath
Test¥メール送付リスト.xlsx"」を指定し
ます。

[実行]という表示名のシーケンスアクテ
ィビティの中に[範囲を読み込み]アクテ
ィビティを配置します。
セルの指定はデフォルトの「""」のままに
しておきます(値が入っているセルの部
分全体が読み込まれます)。
プロパティパネルの[ヘッダーを追加]も
チェックが入っていることを確認しま
す。

※[範囲を読み込み]アクティビティは、利用可能>アプリの連携>Excelの下にあるものを使って
ください。利用可能>システム>ファイル>ワークブックの下にあるものは別ものなので注意
してください。

Excelから読み込んだデータを格納する
ために、DataTable型の変数「Delivery
List」を定義し、プロパティパネルの[デ
ータテーブル]に設定します。

[繰り返し（データテーブルの各行）］アク
ティビティを配置し、［次のコレクショ
ン内の各要素：］に、Excelから読み込ん
だ情報が入っている変数「DeliveryList」
を設定します。

ここで、データテーブルの各列の内容を
格納するため、下記の変数を定義しま
す。

・address

・subject

・body

・attachedFile

変数の型はすべて「String」型、スコープ
は「実行」とします。

［本体］という表示名のシーケンスアクテ
ィビティ内に、定義した4つの変数にデ
ータテーブルDeliveryListの各列の値を
割り当てる［代入］アクティビティを縦に
4つ並べて配置します。それぞれの代入
式は下記となります。

・左辺：address

　右辺：CurrentRow.Item(0).ToString

・左辺：subject

　右辺：CurrentRow.Item(1).ToString

・左辺：body

　右辺：CurrentRow.Item(2).ToString

・左辺：attachedFile

　右辺：CurrentRow.Item(3).ToString

あとは、読み取った内容に従ってメールを送信するだけです。

[Outlook メールメッセージを送信]アクティビティを配置して、[宛先]に「address」、[件名]に「subject」、[本体]に「body」を指定し、[ファイルを添付]をクリックして引数に「attachedFile」を指定します。

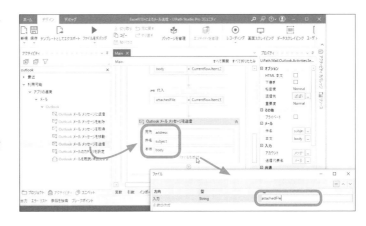

もし、Outlookで複数のアカウントを設定していて、デフォルトのアカウント以外から送信する場合は、プロパティパネルの[アカウント]項目に、送信に利用するメールアドレスを指定します（指定しない場合はメールソフトで設定したデフォルトのアドレスが使用されます）。

●完成したワークフローの実行

これで完成です。ワークフローを[ファイルをデバッグ]で実行してみると、リストに指定したメールアドレスにそれぞれメールが配信されることが確認できます。

図　届いたメール

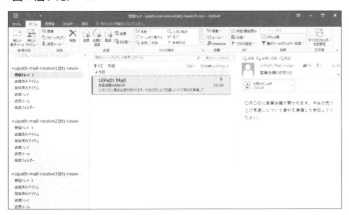

8.2.1 添付ファイルの有無を判別する

　今回用意したExcelファイルのメール送付リストには、すべて添付ファイルが指定されていました。ただし、メールに必ずしも添付ファイルが付いているわけではありません。そこで、添付ファイルを一部抜いて実行してみます。

図　添付ファイルを付けない相手が混在するメール送付リスト

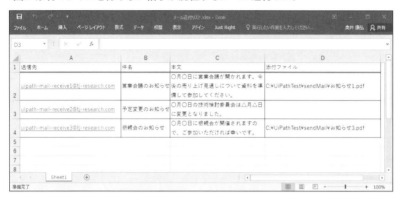

　すると、添付ファイルの指定が空白なので、エラーになっています。

図　指定したパスが見つからないというエラーで止まる

　この問題を回避するため、添付ファイルの記述の有無を判定し、添付ファイルを指定した[Outlookメールメッセージを送信]アクティビティと、指定しないアクティビティを使い分けることにします。

[Outlookメールメッセージを送信]アクティビティの前に[条件分岐]アクティビティを配置し、Excelに添付ファイルの記述があったかどうかを判定するため、[条件]に「not(attachedFile = "")」と指定します。

[Then]欄に、添付ファイルの指定がある[Outlookメールメッセージを送信]アクティビティをドラッグ＆ドロップで移動します。

次に、[Elseを表示]をクリックして[Else]欄を表示します。

[Else]欄に新規に[Outlookメールメッセージを送信]アクティビティを配置し、[宛先][件名][本体]にそれぞれ変数「address」「subject」「body」を指定します。

ここは添付ファイルがない場合の処理なので、[ファイルの添付]には何も指定しません。

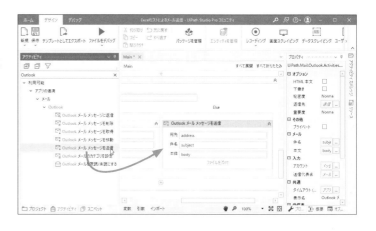

　これで、Excelの送付先リストの添付ファイル欄に指定があってもなくても正常に処理できるワークフローが完成しました。

8.3 受信メールのリスト作成

次に、Outlookが受信したメールの中から「未読メール」を読み、どのようなメールが届いているかをExcelファイル(メール受信リスト.xlsx)に集計するワークフローを作成します。

「8.1.3 受信メールを保存する」と同様に、受信メールはフォルダーにemlファイルとして保存することにします。

📋 【作成するプロジェクト】受信メールExcelリスト作成

新規プロジェクト「受信メールExcelリスト作成」を作成し、受信メールのリストを作るために[データテーブルを構築]アクティビティを配置します。

「送信元」「件名」「emlファイル名」(ダウンロードした受信メールのファイル名)をリスト化してExcelに書き出すため、3つの列を持つデータテーブルを構築します(今回、添付ファイルについては省略します)。列のデータ型は3つともString型にしてください。

先ほど構築したデータテーブルを格納する DataTable 型 の 変数「received MailTable」を定義し、プロパティパネルの[データテーブル]に指定します。

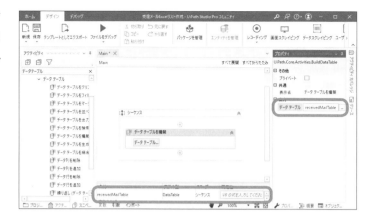

さらに、receivedMailTable に行を追加するためのDataRow型（System.Data. DataRow）の 変数「receivedMail TableRow」も定義しておきます。Data Row型は初期状態のプルダウンにないので、[型の参照...]を使って検索してください。

［Outlook メールメッセージを取得］アクティビティを配置し、プロパティパネルで以下の設定を行います。

- ・［未読メッセージのみ］と［開封済みにする］にチェックを入れる（次に実行したときに重複しないよう、集計したメールは開封しておきます）
- ・［アカウント］欄に、メッセージを取得するメールアドレスを指定する
- ・［メールフォルダー］欄に受信するフォルダー（ここでは「"受信トレイ"」）を指定する
- ・［メッセージ］欄でCtrl+kを押して「変数を作成：」を出し、変数「messageList」を作成する（List<Mail Message>型の変数「messageList」が定義されます）

受信メールのリストが格納された変数messageListを一つずつ処理するため、［繰り返し（コレクションの各要素）］アクティビティを配置します。
［次のコレクション内の各要素］に変数「messageList」を指定し、プロパティパネルの［TypeArgument］の［型の参照...］をクリックして、「System.Net. Mail.MailMessage」を検索して選択します（8.1.3項と同じ手順です）。

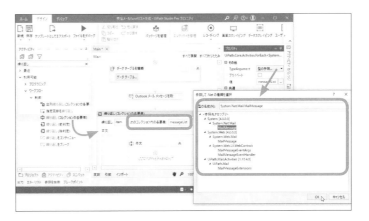

ここで、8.1.3項と同様、生成するemlファイルのファイル名に乱数を付けるために、変数「randomNumber」をRandom型で定義し、既定値に「New Random」を指定します。

乱数を文字列化したものを格納するString型の変数「randomString」も定義しておきます。

[本文]という表示名のシーケンスアクティビティ内に[代入]アクティビティを配置して、左辺に「randomString」、右辺に「randomNumber.Next(1,10001).ToString」を指定します（Nextメソッドを使って乱数を1〜10000の間の整数で発生させ、それを文字列化して変数randomStringに代入しています）。

続けて、[メールメッセージを保存]アクティビティを配置し、[メールメッセージ]の部分に[繰り返し（コレクションの各要素）]アクティビティで繰り返し対象となっていた「item」を指定します。

[ファイルのパス]には、8.1.3項と同様に、「"C:¥UiPathTest¥receiveMail¥mail-" + item.SenderEmailAddress.ToString + " " + item.Headers("Date").Replace(":","-") + " #" + randomString + ".eml"」を指定します。

messageList をもとに集計リストの
receivedMailTable を作り上げるため、
テーブルの各行となる receivedMail
TableRow を[代入]アクティビティで生
成します。
[代入]アクティビティを配置して、左辺
に「receivedMailTableRow」、右辺に
「receivedMailTable.NewRow」を指定
します。

生成した新規の行 receivedMailTable
Row の各列に値を入れるため、続けて3
つの[代入]アクティビティを配置します。
第 1 列「receivedMailTableRow.
Item(0)」に は 送 信 元「item. Sender
EmailAddress.ToString」、
第 2 列「receivedMailTableRow.
Item(1)」には件名「item.Subject」、
第3列「receivedMailTableRow.Item(2)
」には、生成したファイルのパス「"C:¥Ui

PathTest¥receiveMail¥mail-" + item.SenderEmailAddress.ToString + " " + item.Headers("Date").Replace
(":","-") + " #" + randomString + ".eml"」を代入します。

次 に、値 を 入 れ た 行 receivedMail
TableRow をデータテーブル received
MailTable に追加するため、[データ行
を追加]アクティビティを配置し、プロ
パティパネルの[データテーブル]に
「receivedMailTable」、[行]に
「receivedMailTableRow」を指定しま
す。

最後に、出来上がったデータテーブルを
Excelに出力するため、[繰り返し(コレ
クションの各要素)]アクティビティの下
に[Excelアプリケーションスコープ]ア
クティビティを配置します(配置場所に
ご注意ください)。
[ブックのパス]には、ここではファイル
名が「receive-年月日-時間.xlsx」となる
ようにしたいので、VBのDateTime.
Nowプロパティを使って「"C:¥UiPathT
est¥receiveMail¥receive-" +
DateTime.Now.ToString("yyyy
MMdd-HH") + ".xlsx"」と指定します。

[実行]という表示名のシーケンスアクテ
ィビティ内に、Excelの[範囲に書き込
み]アクティビティを配置し、[データテ
ーブル]として変数「receivedMail
Table」を指定します。
また、プロパティパネルで[ヘッダーを
追加]にチェックを入れておきます。

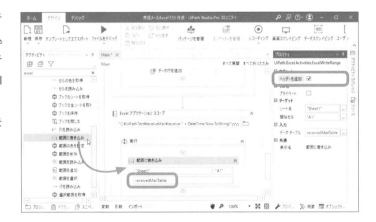

以上でワークフローが完成しました。設定したメールアドレスにいくつかメールを送って受信しておいて、[フ
ァイルをデバッグ]を実行すると、次のようなExcelファイルが生成されます。

図　生成されたExcelファイルの内容

8.4 ワークフローのテンプレート化

さまざまなワークフローを作っていると、類似のワークフローを作成することがあります。そのようなとき、どこかで作成したワークフローをベースにして、少し手直しすれば別のワークフローを作れるはずだと思うことがあるでしょう。このように、類似のワークフローを作るときにベースとなるものが「テンプレート」です。

ここではいったんメールの操作から離れて、UiPath Studioでワークフローをテンプレート化する方法を解説します。

8.4.1 テンプレート化の下準備

「8.2　送付先リストを使ったメールの一斉送信」で作った「Excelリストによるメール送信」プロジェクトを例に、テンプレート化する方法を見ていきます。

8.2節で作成したプロジェクト「Excelリストによるメール送信」を開き、デザインリボンから[テンプレートとしてエクスポート]をクリックします。

「テンプレートとしてエクスポート」画面が表示されるので、[名前]にテンプレート名を指定します。デフォルトでは、元のワークフロー名に「テンプレート」が付いたものが入ります。今回はそのまま使いましょう。

[エクスポート]ボタンを押すと、テンプレート化したプロジェクトを開くか聞かれるので、どちらかを任意でクリックします。

※ここで[はい]をクリックした場合は、そのまま次の8.4.2項の手順解説につながります。

[テンプレートとしてエクスポート]を実行した段階では、通常のプロジェクトの格納先(デフォルトでは、「ドキュメント」の下の「UiPath」フォルダー)にテンプレートのプロジェクトも入っています。

図 エクスポートしたテンプレート

先ほどの最後の手順で[いいえ]を選択した場合は、通常のプロジェクトの起動と同様、その中のMain.xamlを開けば、テンプレートとしてエクスポートしたプロジェクトを開くことができます。

8.4.2 テンプレートをパブリッシュする

これでファイルの形式上はテンプレートとして保存されましたが、通常のプロジェクトと同じ場所に置かれていて区別がつきにくいですし、いちいちそのフォルダーに入ってMain.xamlをクリックして起動しなければなりませんので使い勝手がよくありません。標準で用意されているテンプレートのように、UiPath Studioのスタート画面の「テンプレートから新規作成」からワンクリックで選択して使えるようになれば便利です。そのためには、テンプレートをパブリッシュする必要があります。

8.4.1項でテンプレートとしてエクスポートした「Excelリストによるメール送信テンプレート」プロジェクトを開きます。これには8.4.1項で説明したように「エクスポートしたプロジェクトを開きますか？」と聞かれたときに[はい]を押すか、出力されたテンプレートプロジェクトのフォルダーに入ってMain.xamlファイルをクリックします。

一見、普通のプロジェクトと同じように見えますが、テンプレートとしてエクスポートしたことにより、テンプレートとしてパブリッシュできる状態になったプロジェクトです。

※テンプレートを開いている場合は、デザインリボンに[テンプレートとしてエクスポート]が表示されない、という違いもあります。

デザインリボンの右端にある[パブリッシュ]を押します。

「テンプレートをパブリッシュ」画面が表示されるので、「パッケージ名」を適当なものに変更します（今回はこのまま変更しません）。

左のメニューから[パブリッシュのオプション]をクリックして、今回は[パブリッシュ先]を「ローカル」にします。
そして[パブリッシュ]を押します。

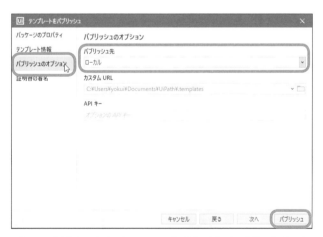

※[ローカル]を指定した場合、[カスタム URL]の部分に変更不可の状態で薄く表示されているフォルダーに nupkg 形式のファイルがパブリッシュされます。デフォルトでは通常のプロジェクトが格納されている「C:¥Users¥ ユーザー名 ¥Documents¥UiPath」の下に「.templates」フォルダーが作られて、その中に保存されるよう URL が設定されています。

バージョン番号やパブリッシュ先の情報
とともに、正常にパブリッシュされたこ
とを通知する画面が表示されます。

　以上で、テンプレートのパブリッシュは完了です。パブリッシュ先のフォルダーを見ると、nupkg ファイルが
入っていることを確認できます。

図　ローカルにパブリッシュされたテンプレート

パブリッシュされたテンプレートをUiPath Studioで使うには、2つの入口があります。

● UiPath Studioのスタート画面から利用する

一つ目は、UiPath Studioのスタート画面の右下にある「テンプレートから新規作成」欄に表示されているテンプレートをクリックすることです。

図　UiPath Studioのスタート画面から使う

選択すると、次のような画面が表示されて、テンプレートをベースとした新規プロジェクトの名前を入れることができます。名前を指定し、テンプレートに基づいた新規プロジェクトの作成を始めます。

図　あとは名前をつけるだけ

●UiPath Studioのテンプレート画面から利用する

　もう一つのテンプレート利用の入口は、UiPath Studioのテンプレート画面から利用することです。テンプレート画面は、UiPath Studioのホーム画面左側のメニューから切り替えることができます。パブリッシュしたはずのテンプレートがスタート画面で見つからない場合は、こちらを探してください。

図　UiPath Studioのテンプレート画面から使う

　テンプレートを選択すると、テンプレートの詳細情報が表示されるので、[テンプレートを使用]ボタンをクリックします。

図　「テンプレートの使用を開始」画面

　この先は、スタート画面から使う手順と同じです。名前を指定し、テンプレートに基づいた新規プロジェクトの作成を始めます。

> 　同じ手順で、8.3節で作成した「受信メールExcelリスト作成」プロジェクトについてもテンプレート化し、ローカルにパブリッシュしておいてください(8.5節で使用します)。

8.5 メールサーバーの操作の自動化

テンプレートの使い方をひととおり説明したところで、話をメールの操作に戻しましょう。8.1節ではメールソフト（Outlook）を利用した自動化の例を説明しましたが、UiPathはメールソフトを介さずに、直接メールサーバーにアクセスして操作を実行することもできます。

その方法を解説する前に、メールを送受信するしくみについてあまり詳しくない方のために、メールサーバーと接続するプロトコルを中心に簡単におさらいします。

8.5.1 メールサーバーのしくみとプロトコル

メールサーバーとは、インターネットプロバイダーや各企業が、他のメールサーバーとやり取りをしてメールの送受信を行うアプリケーションのことで、メールの送信を担当する「送信サーバー」と、メールの受信を担当する「受信サーバー」があります。

メールサーバー（送信サーバー、受信サーバー）には、メールサーバーを管理するプロバイダーから指定される「サーバー名」や「ポート番号」（465、995、993など）で接続し、その中で管理されている「メールアカウント」と「パスワード」で認証してから利用するのが一般的です。

送信サーバーに接続する際は、SMTP（Simple Mail Transfer Protocol）というプロトコル（データのやり取りの手順）を利用します。このため、SMTPサーバーともいいます。

受信サーバーにはPOP（Post Office Protocol）、あるいはIMAP（Internet Message Access Protocol）というプロトコルで接続します。こちらも同様に、POPサーバー、IMAPサーバーともいいます。また、POPに関しては、バージョン番号の3を付して「POP3」と表すことが多いようです。

図　メールサーバーのしくみと接続方法

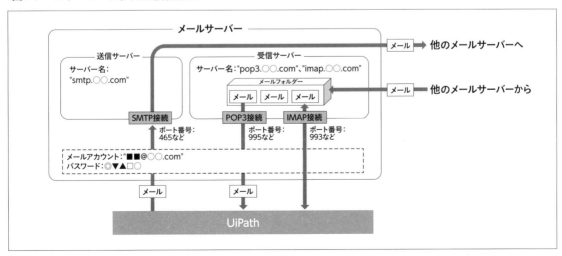

●POP3とIMAPの違い

受信サーバーのPOP3とIMAPの違いは、メールをメールソフト側で管理するか、メールサーバー側で管理するか、にあります。

POP3はメールソフトがメールサーバーからメールをダウンロードして、メールの管理をメールソフトが行います。サーバー上のメールは、設定した一定期間後に削除されます。複数のPCからPOP3でメールサーバーにアクセスする場合、削除されたメールは見ることができません。

これに対してIMAPは、メールサーバーからメールを削除しないため、複数の端末からアクセスしてメールを共有することができます。また、IMAPではメールの未読、開封済みなど通常のメールソフトでの操作をメールサーバー上で行うので、どの端末からでも既読や未読などの状態が一致してメールを確認することができます。裏を返せば、IMAPはメールがメールサーバーに溜まってしまうというデメリットがあり、メールボックスがいっぱいになった場合は、不要なメールを個別に削除しなければなりません(UiPathにはIMAPでメールサーバーからメールを読んだ後にそれらのメールを削除する機能も付いています)。

8.5.2 メールサーバーへのSMTP接続によるメール送信

それでは、メールサーバーに直接SMTPで接続し、メールを送信するワークフローを作っていきます。8.4節でテンプレート化した「Excelリストによるメール送信テンプレート」をベースにワークフローを作成することにします。

▦ 【作成するプロジェクト】Excelリストによるメール送信SMTP

▤ 【使用するファイル】メール送付リスト.xlsx、お知らせ1.pdf、お知らせ2.pdf、お知らせ3.pdf

UiPath Studioのスタート画面の[テンプレートから新規作成]の中から、「Excelリストによるメール送信テンプレート」を選択します。

※ここにない場合は、「テンプレート」画面から探してください。

プロジェクト名を指定する画面が現れるので、「Excelリストによるメール送信SMTP」とし、[作成]ボタンを押します。

テンプレートとして読み込んだワークフローが現れます。

8

メール操作の自動化

ここで、テンプレートに配置されている
2つの[Outlookメールメッセージを送
信]アクティビティを、[SMTPメールメ
ッセージを送信]アクティビティに置き
換えます。

置き換えた[SMTPメールメッセージを
送信]アクティビティの[宛先][件名]
[本文][ファイルを添付]には、
[Outlookメールメッセージを送信]と同
じ変数(address、subject、body、
attachedFile)を指定します。

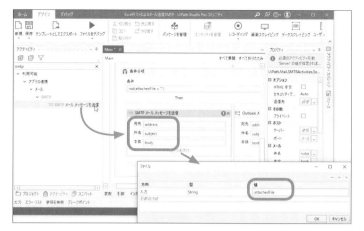

※アクティビティを削除するには、選択した状態でDeleteキーを押すか、アクティビティを右ク
リックしてメニューから[削除]を選択します。

　あとは、2つの[SMTPメールメッセージを送信]アクティビティに対して、それぞれプロパティパネルでサー
バーとのSMTP接続の設定を行います。プロパティパネルで設定するのは、下記の項目です。

- **ホスト**
  - サーバー："接続するSMTPサーバーの名前"
  - ポート：25、465、587などプロバイダが指定した番号
- **ログオン**
  - パスワード："メールアカウントのパスワード"
  - メール："使用するメールアドレス"

　これらの設定は、プロバイダーや会社のメールサーバーに接続する際に、メールソフトに設定する情報と同じです。つまり、UiPathはメールソフトと同じ働きをしてメールサーバーにアクセスしているということです。

　これらの情報を入れて［ファイルをデバッグ］を実行すると、「8.2　送付先リストを使ったメールの一斉送信」と同じように3つのメールアカウントにメールが送られます。

　なお、2段階認証などを行っている場合は途中でエラーとなります。この場合は、接続先によっては対応できない場合もあるかもしれません。一例として、Gmailであればアプリパスワードを発行して、そのパスワードを設定することで接続することができます（詳細は「アプリ パスワードでログインする」で検索すると、Googleのヘルプがみつかりますので、そちらをご確認ください）。

8.5.3 メールサーバーへのPOP3接続によるメール受信

ここでは、メールサーバーに直接POP3で接続し、メールを受信するワークフローを作ります。テンプレートとして保存した「受信メールExcelリスト作成テンプレート」を少し変えてワークフローを作成することにします。

【作成するプロジェクト】受信メールExcelリスト作成POP3

[テンプレートから新規作成]の中から「受信メールExcelリスト作成テンプレート」を選択します(あらかじめ8.4節の手順でテンプレートを作成しておいてください)。

※ここにない場合は、「テンプレート」画面から探してください。

プロジェクト名を指定する画面が現れるので、名前を「受信メールExcelリスト作成POP3」として、[作成]ボタンを押します。

テンプレートとして読み込んだワークフローが現れます。

ここで、[Outlookメールメッセージを
取得]アクティビティを削除して、
[POP3メールメッセージを取得]アクテ
ィビティを配置します。
プロパティパネルの[メッセージ]に、出
力先として変数「messageList」を指定
します。

あとは、メールサーバーとのPOP3接続の設定をプロパティパネルで行います。

- **ホスト**
  - サーバー：" 接続するPOP3サーバーの名前 "
  - ポート：110、995などプロバイダが指定した番号
- **ログオン**
  - パスワード：" メールアカウントのパスワード "
  - メール：" 使用するメールアドレス "

図　[POP3メールメッセージを取得]アクティビティのPOP3接続の設定

[オプション]カテゴリの[上限数]という欄にデフォルトで「30」という数字が入っていますが、これはメールサーバーに入っているメールを新しいものからさかのぼって何通まで取得するかの指定です。

その上の[メッセージを削除]にチェックを入れると、このアクティビティで読み取ったメールはメールサーバーから削除されます（デフォルトではチェックが入っていないので、メールはそのままメールサーバーに残ります）。

これらの情報を設定して[ファイルをデバッグ]を実行すると、C:¥UiPathTest¥receiveMailフォルダーに8.3節と同様にemlのダウンロードと受信メールのリストがExcelファイルとして作成されます。

8.5.4　メールサーバーへのIMAP接続によるメール受信

次に、メールサーバーに直接IMAPで接続し、メールを受信するワークフローを作ります。基本的にPOP3接続によるメール受信と同じ手順です。

📋【作成するプロジェクト】受信メールExcelリスト作成IMAP

[テンプレートから新規作成]の中から「受信メールExcelリスト作成テンプレート」を選択します（あらかじめ8.4節の手順でテンプレートを作成しておいてください）。

※ここにない場合は、「テンプレート」画面から探してください。

プロジェクト名を指定するウィンドウが現れるので、名前を「受信メールExcelリスト作成IMAP」として、[作成]ボタンを押します。

テンプレートとして読み込んだワークフローが現れます。

[Outlookメールメッセージを取得]アクティビティを削除し、[IMAPメールメッセージを取得]アクティビティを配置します。
そして、プロパティパネルの[メッセージ]に、出力先として変数「messageList」を指定します。

　さらに、プロパティパネルでメールサーバーとのIMAP接続の設定を行います。用意する情報は下記のとおりです。

- **ホスト**
  - ・サーバー：" IMAPサーバーの名前 "
  - ・ポート：143、993などプロバイダーが指定した番号
- **ログオン**
  - ・パスワード：" メールアカウントのパスワード "
  - ・メール：" 使用するメールアドレス "

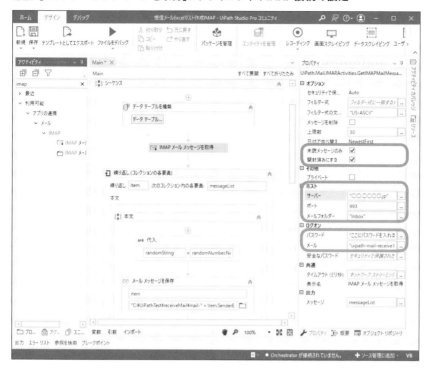

　IMAPではメールサーバー上の個々のメールに対する操作（メールの開封、削除など）も行うことができるので、Outlookの際に指定したのと同じく、プロパティパネルで［未読ファイルのみ］［開封済みにする］にチェックを入れて指定することができます。また、メールフォルダーにはIMAPが管理している「"Inbox"」がデフォルトで指定されているので、そのままにします。

　これらの情報を設定して［ファイルをデバッグ］を実行すると、POP3のときと同様に、emlファイルのダウンロードと受信メールのリストがExcelファイルとして作成されます。

　なお、ここでは前項でPOP3接続を指定したのと同じメールアドレスを使っても動作します。メールサーバー側ではユーザーがどのようにアクセスしてくるかを事前に決めているわけではないので、このようにその都度IMAPとPOP3とでアクセス方法を切り替えることが可能です（ただし、メールの管理方法が異なるのでそうすることは推奨されません）。

第9章

PDFファイルを扱う

この章では、UiPathでPDFファイルを扱う方法について、次の技法を説明します。

- PDF用パッケージのインストール方法
- PDFで表示されるテキストをOCRエンジンを使って読み込む方法
- PDFファイル内のテキスト読み込む方法

9.1 PDF用のアクティビティパッケージのインストール

　UiPath Studio でのワークフロー開発において使うアクティビティには、デフォルトでは使えないものもあります。そのようなものは、それを含む「アクティビティパッケージ」をインストールする必要があります。

　UiPath Studioには、第5章で扱ったExcelを操作するためのアクティビティと同様に、PDFを操作するためのアクティビティがパッケージとして用意されています。ただし、Excelと違ってデフォルトではインストールされていないので、自分でアクティビティパッケージをインストールする必要があります。なお、このような追加のアクティビティパッケージはプロジェクト単位でインストールされるため、アクティビティを使いたいプロジェクトでその都度インストールする必要があります（以前はExcelについても自分で追加する必要がありましたので、今後のバージョンアップ次第では標準で利用できるようになる可能性もあります）。

　PDFファイル関連のアクティビティは、「UiPath.PDF.Activities」というパッケージに入っています。まずはこのパッケージをインストールします。

📋 【作成するプロジェクト】PDF の OCR 読み取り

📄 【使用するファイル】PDFテキスト.pdf

新規プロジェクト「PDF の OCR 読み取り」を作成し、デザインリボンの［パッケージを管理］をクリックします。
「パッケージを管理」画面が表示されるので、画面左の［オフィシャル］をクリックして、画面上部にある検索フィールドに「PDF」と入力して検索すると、検索結果の中に「UiPath.PDF.Activities」というパッケージが表示されます。

「UiPath.PDF.Activities」を選択して、右
欄に表示される[インストール]ボタンを
クリックし、さらに右下の[保存]ボタン
を押してインストールを確定します。

これで、パッケージのインストールは完了です。

●インストールされているパッケージを確認する

いま開いているプロジェクトでどのようなパッケージが使えるかについては、「パッケージを管理」画面で確認
できます。

デザインリボンの[パッケージを管理]を
クリックして「パッケージを管理」画面を
開き、[プロジェクトの依存関係]を確認
すると、「UiPath.PDF.Activities」が入っ
ていることが確認できます。

それでは、PDF関連のアクティビティを追加したプロジェクト「PDFのOCR読み取り」をそのまま使って、PDFをAcrobat Readerで表示させた文字を画像として認識し、OCR（Optical Character Recognition：光学文字認識）を使って読み取るワークフローを作成していきます。

9.2.1 PDFファイルの準備

まず、読み取るPDFファイルを用意します。Wordで適当な文章を記入したファイルを作成し、それを「PDFテキスト.pdf」というPDFファイルにエクスポートしましょう。

C:¥UiPathTestフォルダーに、「PDFテキスト.docx」という名前のWordファイルを作成して、適当なテキストを入力します（内容はなんでもかまいません）。準備できたら［ファイル］メニューをクリックします。

左側のメニューから［エクスポート］をクリックして［PDF/XPSドキュメントの作成］を選択します

ファイル名を指定して[発行]を押せば
PDFファイルの準備は完了です。

なお、今回のプロジェクトではファイル
名と場所を指定して利用するので、ファ
イル名は必ず「PDFテキスト.pdf」、保
存先は「C:¥UiPathTest」フォルダーとし
てください。

右図のようなPDFファイルが生成され
ます。

このようにして出来上がった「PDFテキスト.pdf」をOCRを使って読ませます。

9.2.2 ワークフローの作成

9.1節でPDFパッケージを追加した「PDFのOCR読み取り」プロジェクトを開いて、以下の手順でワークフロ
ーを作ります。

アクティビティパネルの[利用可能]－
[アプリの連携]－[PDF]の下にある
[OCRでPDFを読み込み]アクティビテ
ィを配置します。

使用するOCRエンジンを「ここにOCR
エンジンアクティビティをドロップ」と
書かれている場所に配置します。

OCRエンジンは、アクティビティパネ
ルの検索フィールドで「OCR」と入力す
ると、[利用可能]－[UI Automation]－
[OCR]－[エンジン]にリストされます。
ここではその中から「Microsoft OCR」
を配置します。

「ファイル名です。……」と表示されてい
る欄には読み取るPDFファイル「"
C:¥UiPathTest¥PDFテキスト.pdf"」を
指定します。

また、読み取った文字列を格納する
String型の変数「text」を定義し、それを
[OCRでPDFを読み込み]アクティビ
ティのプロパティパネルの[テキスト]項目
に設定します。

[メッセージボックス]アクティビティを
配置して、変数textに格納されている内
容を表示します。

　[ファイルをデバッグ]をクリックしてワークフローを実行すると、PDFに書かれたテキストをOCRで読み取
った結果がメッセージボックスに表示されます。

図　実行結果

　ここで、よく見ると、日本語文字の間隔が空いているように見えます。文字間に半角スペースが入ってしまっているようです。現状のOCRによる文字列読み取りは、このような誤差も前提にしなければなりません。

　このように、現時点では日本語を本格的に扱うにはハードルが高いといえます。実用を考える場合は、現状の半角スペースが含まれるデータを前提として、整形処理までをUiPathで自動化する必要があるでしょう。

9.3 PDFファイル内のテキストを抽出する

次に、PDFに埋め込まれているテキストをファイルから取り出すアクティビティを紹介します。

【作成するプロジェクト】PDFからのテキスト抽出

【使用するファイル】PDFテキスト.pdf

新規プロジェクト「PDFからのテキスト抽出」を作成し、9.1節の手順でPDF用のパッケージをインストールしておきます。

準備ができたらデザイナーパネルを開き、アクティビティパネルの[利用可能]－[アプリの連携]－[PDF]の下にある[PDFのテキストを読み込み]アクティビティを配置します。

読み取るPDFファイル（C:¥UiPath Test¥PDFテキスト.pdf）を指定します。また、読み取った文字列を格納するString型の変数「text」を定義し、それを[PDFのテキストを読み込み]アクティビティのプロパティパネルの[テキスト]項目に設定します。

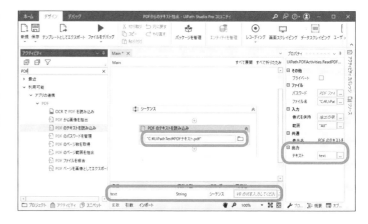

[メッセージボックス]アクティビティを
配置し、変数textに格納されている内容
を表示します。

　[ファイルをデバッグ]をクリックしてワークフローを実行すると、PDFから抽出したテキストがメッセージボックスに表示されます。

図　「PDFのテキストを読み込み」の実行結果

　これを見ると、PDF生成前にWordで最初に入力したままのテキストが抽出されていることがわかります。OCR読み取りのときと違い、余分な半角スペースは入っていません。

9.4 PDFファイルの特定ページからテキストを抽出する

9.3節でサンプルとして使ったPDFは1ページだけでしたが、複数ページのPDFに対して、特定のページ（範囲）からテキストを取り出すこともできます。

9.4.1 PDFファイルの準備

9.2.1項で解説した方法で、複数のページからなるWordファイルを用意し、PDFファイルとしてエクスポートしてください。テキストの内容はなんでもかまいません。ここではわかりやすさのために「xページ目のテキスト」という内容にしています。また、サンプルでは5ページ目まであります。

Wordのファイル名は「PDF複数ページ.docx」、エクスポートしたPDFファイルは「PDF複数ページ.pdf」とします。また、「PDF複数ページ.pdf」ファイルはC:¥UiPathTestフォルダーにコピーしておいてください。

図　複数ページのあるPDFファイル

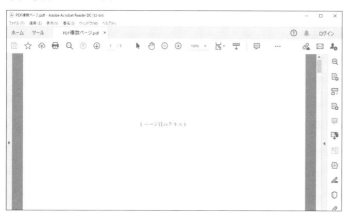

このPDFから特定のページを指定してテキストを抽出するワークフローを作成しましょう。

9.4.2 複数ページを抽出するワークフローの作成

📋【作成するプロジェクト】PDF複数ページ抽出
📄【使用するファイル】PDF複数ページ.pdf

準備として、新規プロジェクト「PDF複数ページ抽出」を作成し、9.1節の手順でPDF用のパッケージをインストールしておきます。

次に、9.3節と同じ手順で、読み込む
PDFのファイル名だけ「C:¥UiPath
Test¥PDF複数ページ.pdf」に変えたワ
ークフローを作成します。

[PDFのテキストを読み込み]アクティビ
ティのプロパティパネルの[範囲]項目
で、テキスト抽出対象のページを指定で
きます。

●出力するページの指定方法

　[PDFのテキストを読み込み]アクティビティの[範囲]は、デフォルトでは「"All"」となっています。これは、全
ページをテキスト抽出対象とする、という指定です。

　このほかにも、単ページ指定「"2"」や、ページ範囲指定「"2-4"」「"3-END"」(ENDは最終ページを表す)、それら
を組み合わせて「"1,4"、"1,3-END"」などの指定が可能です。

　たとえば「"1,3-END"」を指定すると次のような結果になります。

図　範囲に「"1,3-END"」と指定した場合の実行結果

PDFからテキストを抽出するときのクセ

　UiPathがPDFからテキストを抽出する際は、改ページは無視されます。先ほどの実行結果では改行されて出力されましたが、これは大元のWordで改行が入っているからです。試しに下記のように、改行せずに改ページを行ってPDFを用意すると、選択したページから抽出した文字列が切れ目なくつながった結果になります。

図 改行せずに改ページを行った元データ(左)と実行結果(右)

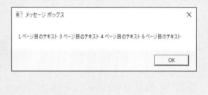

　これは、9.2節で解説したOCRによるテキスト読み取りのときも同様です。OCRの読み取りの場合、各ページで読み取った文字列に改行コードは入らないため、複数ページを読み取ると、それをそのままつなげて出力します。

図 OCRで複数ページを指定した場合の実行結果

　OCRによるテキスト読み取りにしてもPDF内のテキスト抽出にしても、複数ページを読み取るアクティビティのこのような特性を理解して使う必要があります。

第10章

セレクターとアンカー
のしくみ

この章では、アプリケーションのウィンドウ内やWebページ内でのデータの読み取り先、入力先の場所を特定する機能であるセレクターについて説明します。

ここでは、以下の内容を扱います。

- 完全セレクター
- 部分セレクター
- 動的セレクター
- アンカー指定
- セレクターエディターの使い方
- UI Explorerの使い方

10.1 セレクターとは

セレクターは、UiPathにとってとても重要な機能です。PCのデスクトップ上のアプリケーション(メモ帳、Chromeなどのブラウザー、PDFを表示するAcrobat Readerなど)のウィンドウを特定し、さらにその中で文字列が記述されているフィールド、メニューのボタンなどを特定するために用いられます。つまり、操作対象となる「場所」を特定するのが「セレクター」です。UiPathはこのセレクターを手掛かりに、データを読み取り、ボタンをクリックし、データを書き込んだりします。

セレクターには次の2種類があります。

- **完全セレクター**
- **部分セレクター**

完全セレクターは、その指定だけで場所を特定できるような情報が記述されたセレクターです。

部分セレクターは、ブラウザーやアプリケーションなどのウィンドウ内での場所を特定する情報が記述されたセレクターです。[ブラウザーを開く]や[ブラウザーにアタッチ]など、PC上のブラウザーやアプリケーションなどのウィンドウに対応し、その中にUI操作のアクティビティを包含する「コンテナー」と呼ばれるアクティビティの内部で機能するものです。

以下、それぞれのセレクターについて説明します。

10.1.1 完全セレクター

完全セレクターは、PC上のブラウザーやアプリケーションなどのウィンドウを起点とし、その中の構造を階層的にたどって操作対象となる「場所」を特定する指定方法です。ベーシックレコーディングで生成されるセレクターは「完全セレクター」なので、4章で作成した「GUIベーシック記録」プロジェクトを開いて、完全セレクターを確認してみましょう。最初にメモ帳を開いておいてください。

セレクターの内容を確認するには、セレクターエディターを開きます。アクティビティを選択して、プロパティパネルの[ターゲット]を展開し、[セレクター]の右端の[…]をクリックすると開きます。ここでは、[クリック'menu item　ファイル(F)']という表示名の[クリック]アクティビティのセレクターを開いてみましょう。

図 **セレクターエディターを開く**

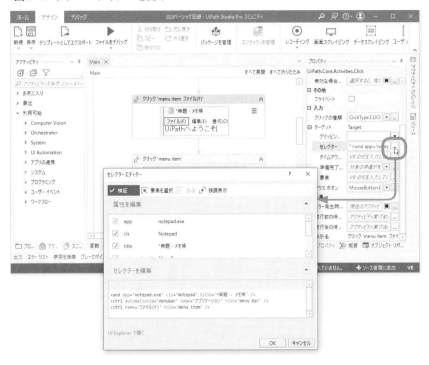

このセレクターは3つの指定が連なって記述されています。

```
<wnd app='notepad.exe' cls='Notepad' title='*無題 - メモ帳' />
<ctrl automationid='MenuBar' name='アプリケーション' role='menu bar' />
<ctrl name='ファイル(F)' role='menu item' />
```

この構造をさらに詳しく理解するには、セレクターエディターの[UI Explorerで開く]をクリックしてUI Explorerを開きます。

10

セレクターとアンカーのしくみ

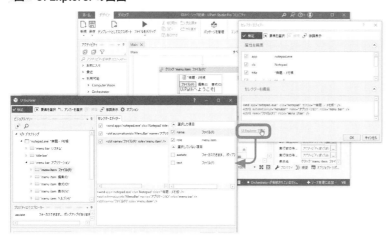

UI Explorer の[ビジュアルツリー]を見ると、セレクターで指定している階層構造を見ることができます。

図　UI Explorer のビジュアルツリー

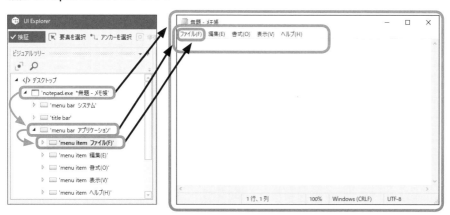

メモ帳全体のウィンドウの指定
（<wnd app='notepad.exe' cls='Notepad' title='* 無題 - メモ帳' />）
　　→その中のメニューバー部分の指定
　　（<ctrl automationid='MenuBar' name='アプリケーション' role='menu bar' />）
　　　　→さらにその中のボタンの指定
　　　　（<ctrl name='ファイル (F)' role='menu item' />）

　これを見ると、メモ帳アプリケーションの内部構造を階層的にたどって[ファイル]メニューを特定している様子がわかります。

　このように「完全セレクター」は、階層構造の最上位のメモ帳全体のウィンドウを含めて目的の場所まで特定します。

10.1.2 部分セレクター

部分セレクターは、完全セレクターにあった最上位のPC上のブラウザーやアプリケーションなどのウィンドウの記述がなく、その内側で構造を階層的にたどって位置を特定する指定方法です。

デスクトップレコーディングで生成されるセレクターは「部分セレクター」なので、3章で作成した「GUIデスクトップ記録」プロジェクトを開いて、10.1.1項と同じ[クリック 'menu item　ファイル(F)']アクティビティで部分セレクターを見てみましょう。10.1.1項と同じくメモ帳を開いておいてください。

図　[クリック 'menu item ファイル(F)']アクティビティの部分セレクター

この状態でセレクターエディターを開くと、先頭行がグレーで表示されたセレクターが入っています。このグレーの部分は編集不可となっています。

```
<wnd app='notepad.exe' cls='Notepad' title='無題 - メモ帳' />
<ctrl automationid='MenuBar' name='アプリケーション' role='menu bar' />
<ctrl name='ファイル(F)' role='menu item' />
```

●グレーで表示されるセレクターの正体

比較のため、セレクターエディターを使わずに、プロパティパネルの[セレクター]欄のテキストをコピー&ペーストしてみると、

```
"<ctrl automationid='MenuBar' name='アプリケーション' role='menu bar' /><ctrl name='ファイル(F)'
role='menu item' />"
```

というテキストになっており、セレクターエディターでグレー表示される「<wnd app='notepad.exe' cls=
'Notepad' title='無題 - メモ帳' />」という部分が見当たりません。

　実は、セレクターの先頭に表示されていたグレーの行は、このアクティビティを包含している[アプリケーショ
ンを開く]アクティビティ(表示名['notepad.exe 無題 - メモ帳'を開く])のセレクターです。これは、['notepad.
exe 無題 - メモ帳'を開く]アクティビティを選択してセレクターエディターを開くと確認できます。

図　['notepad.exe 無題 - メモ帳'を開く]アクティビティのセレクター情報

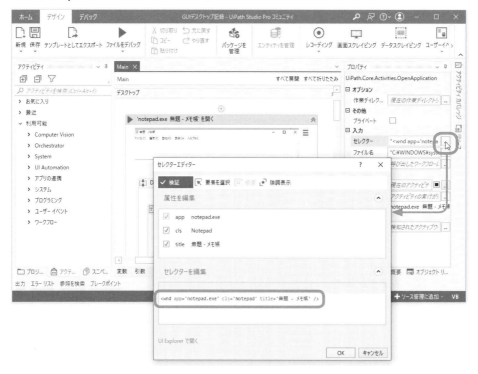

ここから部分セレクターについてわかるのは以下の点です。

・**場所を特定するためのスタート地点となる最上位のセレクター指定は「コンテナー」となるアクティビティが
持つセレクターを使う**
・**「コンテナー」に含まれるアクティビティでは、最上位のセレクターを除いた、その中のセレクター(部分セレ
クター)が使われる**

10.1.3 部分セレクターと完全セレクターの違い

ワークフローとして配置されたアクティビティの包含関係から、部分セレクターと完全セレクターの違いを見てみましょう。

●部分セレクター

部分セレクターを使ったアクティビティでは、コンテナーに対応する最上位のセレクターでPC上のウィンドウを特定し、あとはその中での部分セレクターを頼りに指定された場所までたどる処理を行います。

図 部分セレクターの包含関係

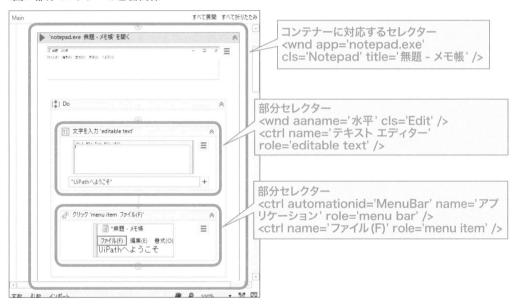

コンテナーに対応するセレクター
<wnd app='notepad.exe' cls='Notepad' title='無題 - メモ帳' />

部分セレクター
<wnd aaname='水平' cls='Edit' />
<ctrl name='テキスト エディター' role='editable text' />

部分セレクター
<ctrl automationid='MenuBar' name='アプリケーション' role='menu bar' />
<ctrl name='ファイル (F)' role='menu item' />

●完全セレクター

これに対して、完全セレクターを使ったアクティビティの配置の例を見ると、['notepad.exe 無題 - メモ帳'を開く]という表示名のプロセスを開始アクティビティは他のアクティビティを包含していません。並列であり、セレクターの指定はありません。そして、その後の各アクティビティはそれぞれ完全セレクターで場所を特定します。

図　完全セレクターの包含関係

10.2 セレクターの編集とアンカーの指定

　次に、HTMLによるWebページを操作対象とした場合、UiPathがセレクターを使ってどのようなセレクターを生成して場所を特定しているかを実際に確認してみましょう。そしてさらに、セレクター指定をより安定的に機能させるためにセレクターを編集する方法について説明します。なお、ここでの操作を行う前に、必ず7.1.1項、7.1.2項の設定を行い、Chromeが扱えるようにしてください。

📋【作成するプロジェクト】セレクターとアンカー
📄【使用するファイル】会社情報.html

10.2.1　セレクターで場所を特定するしくみ

　まずはWebページの場所を特定するためのセレクターの例をご覧ください。

```
<html app='chrome.exe' title='会社情報.html' />
<webctrl tag='DT' aaname='住所：' />
<nav up='1' />
<webctrl tag='DD' />
```

　htmlやDT、DDといったタグが見られることから、UiPathは、Webページの内容を認識するために、表示されているHTMLのタグ構造を手掛かりにしていることがわかります。
　では、HTMLを表示したブラウザーを使って、セレクターがどのように機能するか見ていきましょう。サンプルとして、次のような内容のHTMLファイル「会社情報.html」を使います。

```
<html>
  <h1>会社情報</h1>
  <dl>
    <dt style="float: left;">社名：</dt>
    <dd style="margin-left: 80px;">株式会社○○○○</dd>
  </dl>
  <dl>
    <dt style="float: left;">住所：</dt>
    <dd style="margin-left: 80px;">東京都千代田区○○</dd>
  </dl>
```

```
    <dl>
      <dt style="float: left;">TEL：</dt>
      <dd style="margin-left: 80px;">03-66○○-11○○</dd>
    </dl>
    <dl>
      <dt style="float: left;">eメール：</dt>
      <dd style="margin-left: 80px;">○○○○@tj-research.com</dd>
    </dl>
  </html>
```

これをブラウザーで開くと、次のように表示されます。

図　会社情報.html

●**ワークフローの作成**

　ではここで、「セレクターとアンカー」という新規プロジェクトを作成してください。前述のブラウザー表示から「所在地」情報である「東京都千代田区○○」をテキスト抽出するワークフローを作ります。今回はレコーディング機能を使わず、アクティビティを一つ一つ配置します。

[ブラウザーを開く]アクティビティを配置し、ファイル名に「"C:¥UiPathTest¥会社情報.html"」を指定します。
さらにプロパティパネルで[ブラウザーの種類]を「Chrome」に設定します。

ここで、対象となるページをブラウザー
で表示します。

※HTMLファイルを手動で開くか、あるいはこの時点で[ファイルをデバッグ]をクリックして開くこともできます。このように、ワークフローの作成途中で、そこまでの処理をたどらせるのに[ファイルをデバッグ]を使うのも便利な手段です。

次に[テキストを取得]アクティビティ
を、[ブラウザーを開く]アクティビティ
の下に配置します[注1]。
そして、[画面上で指定]をクリックし、
テキストを読み込みたい箇所として「住
所」の記述部分を指定します。

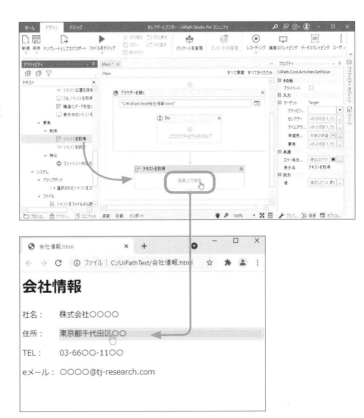

注1　[ブラウザーを開く]アクティビティ内の[Do]という表示名のシーケンスアクティビティの中に[テキストを取得]アクティビティを配置してもワークフローとしては問題ないのですが、そのときに生成される部分セレクターが、Chromeの場合、セレクターエディターでは検証できないという現象が見られるため、完全セレクターを生成させるようにしました。なお、IEの場合には部分セレクターでも問題ありません。

アクティビティに、指定した箇所のスナップショットが埋め込まれます。
ここで、読み取り結果を保存するため、String型の変数「text」を定義し、プロパティパネルの[値]の項目に「text」を指定します。

●セレクターの確認

ここで、読み取り対象となった箇所がどのようなセレクターで表現されているかを確認するために、プロパティパネルの[ターゲット]を展開し、[セレクター]の右端の[…]をクリックしてセレクターエディターを開きます。

図　セレクターエディターでの表示

このセレクターは、表示しているHTML（会社情報.html）内に出てくるddタグ（tag='DD'）のうち、2番目（idx='2'）のものの内容を特定する指定になっています。HTMLの記述を確認してみると、2番目のddタグは「<dd style="margin-left: 80px;">東京都千代田区〇〇</dd>」であり、UiPathで指定した箇所と合致しています。

次に[メッセージボックス]アクティビティを配置し、読み取った文字列が格納されたtextを表示するように指定します。

●閉じるブラウザーを特定する

最後にブラウザーを閉じるために[タブを閉じる]アクティビティを配置します。ただし、ここでは[ブラウザーを開く]アクティビティの外に配置しているため、どのブラウザーを閉じるのかを指示しなければなりません。

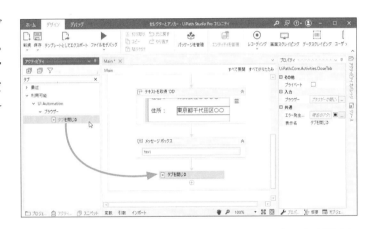

※なお、[ブラウザーを開く]アクティビティ内に配置した場合は、開いたブラウザーを閉じます。

いったん[ブラウザーを開く]アクティビティに戻り、プロパティパネルの一番下にある[UIブラウザー]にBroswer型の変数「chrome」を定義して設定します。

※[UIブラウザー]欄でctrl+kを入力し、「変数を設定」から変数「chrome」を作成すると、Broswer型の変数としての定義と設定が同時に完了するので作業が楽です。

10.2 セレクターの編集とアンカーの指定　205

［タブを閉じる］アクティビティに戻って、プロパティパネルの［ブラウザー］に変数「chrome」を設定します。

これでワークフローは完成です。［ファイルをデバッグ］ボタンを押して動かしてみると、次のように住所の文字列がメッセージボックスに表示されます。

図　実行結果

このワークフローから、対象がHTMLの場合は、セレクターがタグの構造を手掛かりにしてブラウザーで表示している各々の箇所を特定しているということがわかります。

10.2.2　構造の変化に弱いセレクター

前項でセレクターエディターを使って確認したセレクター指定は、「HTML（会社情報.html）内に出てくる2番目のddタグ」というように、タグの「順番」で指定していました。ただし、この方法は問題となる場合があります。

たとえば、先ほど選択した「住所」の情報が末尾に移動するなど、HTMLのタグ構造が変わった場合などです。

```
<html>
  <h1>会社情報</h1>
  <dl>
    <dt style="float: left;">社名：</dt>
    <dd style="margin-left: 80px;">株式会社〇〇〇〇</dd>
  </dl>
  <dl>
    <dt style="float: left;">TEL：</dt>
    <dd style="margin-left: 80px;">03-66〇〇-11〇〇</dd>
```

```
  </dl>
  <dl>
    <dt style="float: left;">eメール：</dt>
    <dd style="margin-left: 80px;">○○○○@tj-research.com</dd>
  </dl>
  <dl>
    <dt style="float: left;">住所：</dt>
    <dd style="margin-left: 80px;">東京都千代田区○○</dd>
  </dl>
</html>
```

これで、先ほどのワークフローを実行すると次のような結果となります。

図　HTMLのタグ構造が変わった後の実行結果

「2番目のDDタグの内容」として、電話番号「03-66○○-11○○」が表示されてしまいます。ワークフローを作ったときの想定である「住所」の情報ではありません。

　このような、タグのちょっとした構造変化に依存せずに「住所」の情報を取得するために、セレクターの記述をなるべくタグの順番に依存しないよう変更しましょう。このような作業を可能にするのが、UI Explorerを使ったアンカーの指定です。

10.2.3 UI Explorerによるアンカーの指定

ここでは、UI Explorerの使い方とその中でのアンカーの指定方法について説明します。

対象となる「会社情報.html」をブラウザーで表示させたうえで、[テキストを取得]アクティビティの プロパティパネルの[ターゲット]–[セレクター]欄の右端の[…]をクリックしてセレクターエディターを開きます。

さらに、左下にある[UI Explorerで開く]をクリックします。

UI Explorerが開きます。ここで、現在、対象となっている箇所(要素)を特定するための手掛かりを与える「アンカー」を指定するために[アンカーを選択]をクリックします。

ブラウザーで「住所：」という文字列の部分をアンカーとして指定します。

これは、「住所：」という表示がある箇所を手掛かりにして、その右にある文字列を取り出したいからです。

すると、セレクターが右図のように変わります。

セレクターの内容を詳しく見てみましょう。

```
<html app='chrome.exe' title=' 会社情報 .html' />
<webctrl idx='2' tag='DT'/>          …①
<nav up='1' />    …②
<webctrl tag='DD' />          …③
```

<html app='chrome.exe' title=' 会社情報.html' /> を出発点として、<webctrl idx='2' tag='DT'/>は、アンカーとして指定した「住所：」の文字列を囲むタグである<dt>が、HTML内で2番目であることを示しています。そして、<nav up='1' />によって、その上位のタグである<dl>に移り、<webctrl tag='DD' />によって、その下位の<dd>が目的の場所であることを表しています。

図　タグ構造をたどる様子

```
<html>         ←出発点
  <h1> 会社情報 </h1>
  <dl>
    <dt style="float: left;"> 社名： </dt>
    <dd style="margin-left: 80px;"> 株式会社○○○○</dd>
  </dl>    ②
  <dl>
③   <dt style="float: left;"> 住所： </dt>
    <dd style="margin-left: 80px;"> 東京都千代田区○○</dd>
  </dl>
  <dl>
    <dt style="float: left;">TEL： </dt>
    <dd style="margin-left: 80px;">03-66○○-11○○</dd>
  </dl>
  <dl>
    <dt style="float: left;">e メール： </dt>
    <dd style="margin-left: 80px;">○○○○@tj-research.com</dd>
  </dl>
</html>
```

<dd>について idx="2" という指定はなくなりましたが、今度はそこへの手掛かりとなるアンカーとしての<dt>に「idx='2'」という指定があり、先ほどと同様、<dl>の順序が変わると、「住所：」以外の項目を取得してしまいます。これでは意味がありません。

そこで、アンカーの指定を「"住所："という文字列を含む<dt>タグ」となるように変えたいと思います。

●アンカーの指定を編集する

UI Explorerの[セレクターエディター]欄内でチェックボックスの付いている<webctrl idx='2' tag='DT'/>をクリックし、編集対象とします。

右側の[選択していない項目]の中で、「aaname 住所」のチェックボックスに印を付けます。

この結果、セレクターが次のように変わります。

```
<html app='chrome.exe' title='会社情報.html' />
<webctrl tag='DT' aaname='住所：' />      …①
<nav up='1' />    …②
<webctrl tag='DD' />       …③
```

<webctrl tag='DT' aaname='住所：' />は、「"住所："という文字列を内容に含む<dt>タグ」を探す、ということを意味しています。この時点で「idx='2'」などの記述はなくなっています。

```
          出発点
    <html>
      <h1> 会社情報 </h1>
      <dl>
        <dt style="float: left;"> 社名 ： </dt>
        <dd style="margin-left: 80px;"> 株式会社○○○○</dd>
      </dl>     ②           ①
      <dl>
  ③    <dt style="float: left;"> 住所 ： </dt>
        <dd style="margin-left: 80px;"> 東京都千代田区○○</dd>
      </dl>
      <dl>
        <dt style="float: left;">TEL ： </dt>
        <dd style="margin-left: 80px;">03-66○○-11○○</dd>
      </dl>
      <dl>
        <dt style="float: left;">e メール ： </dt>
        <dd style="margin-left: 80px;">○○○○@tj-research.com</dd>
      </dl>
    </html>
```

　このようにすれば、<dt><dd>を囲む<dl>の順序が入れ替わっても、「住所：」という文字列を頼りにアンカーを見つけ、その右に記述された住所のテキストが取得できます。

セレクターが変わったので、［検証］ボタンを押してセレクターの有効性を確認します（緑になれば有効です）。

問題なければ変更したセレクターを［保存］します。

さらに、［セレクターエディター］に変更
したセレクターが反映されているのを確
認して［OK］を押します。

デザイン画面に戻ったところで、［ファ
イルをデバッグ］を押して、ワークフロ
ーを実行します。
無事に住所が読み取られます。

対象となるHTML（会社情報.html）のタ
グの順番を変えて実行しても、住所の内
容が取得できています。

　このように、UI Explorerを使えば、セレクターにアンカーを指定したり、タグの順序などに依存しない形に
変更することができます。セレクターを編集する際のポイントは、「idx」をなるべくなくすよう、UI Explorerで
アンカーや項目の指定などを行うことです。
　対象の構造はさまざまですが、この方針に沿って、セレクターを状況が変わっても思ったように動作できるよ
う工夫しましょう。

10.3 動的セレクター

セレクターは、表示されているウィンドウ内の要素に対してUiPathが自動的に割り振るもので、ここまでに説明したように、基本的にアプリケーションのUIの中の位置を特定する静的な指定となっています。

これに対し、さまざまなファイルを繰り返し処理する場合など、一つのセレクターで複数の状態を処理したい場合があります。このようなセレクターを「動的セレクター」と呼び、セレクター指定の中でワイルドカードや変数を使います。

ここでは動的セレクターを使う必要があるシナリオでワークフローを作ります。

【作成するプロジェクト】動的セレクター
【使用するファイル】member1.txt、member2.txt、member3.txt

それぞれに人名が1行書かれた、member1.txt、member2.txt、member3.txtの3つのファイルがあり、メモ帳を開いてその中の文字列（人名）をメッセージボックスに表示します。

図　member1.txt、member2.txt、member3.txtの内容

10.3.1　繰り返し処理のベースとなるワークフローの作成

まず最初にmember1.txtを開いて内容を読み取るワークフローを作ります。その後、10.3.2項と10.3.3項で、繰り返し処理を用いて、member2.txt、member3.txtも処理対象に加えていき、その過程でセレクターを動的なものに変えます。

セレクターとアンカーのしくみ

新規プロジェクト「動的セレクター」を作
成してください。ここではベーシックレ
コーディングを利用して操作を記録した
いので、ベーシックレコーディングを起
動します。
また、「メモ帳」も起動しておいてくださ
い。

準備ができたら、[アプリを開始]をクリ
ックします。

メモ帳全体をクリックします。

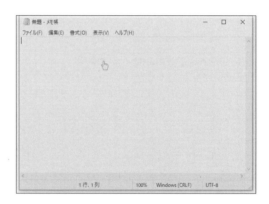

「アプリケーションのパス」として、メモ
帳の実行ファイルの確認ダイアログが表
示されるので、[OK]を押します。

[記録]をクリックし、一連の操作の記録を開始します。

メモ帳のメニューで[ファイル]をクリックします。

プルダウンメニューで[開く]をクリックします。

「アンカーを使いますか？」という画面が出るので、ここでは[いいえ]をクリックします。

次に、F2キーを押して記録遅延させている間に、［ファイル］−［開く］と操作して、［開く］ウィンドウを表示させます。そして[ファイル名]フィールドをクリックします。

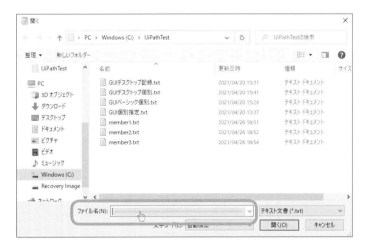

[入力値を入力してください]というダイアログボックスが出るので、[フィールド内を削除]のチェックボックスにチェックを入れたうえで、「C:¥UiPathTest¥member1.txt」と入力してEnterキーを押します。

入力が終わったら[開く]ボタンをクリックします。

member1.txtが開いたところで、この後のテキスト読み取り操作は記録できないので、Escキーを押してベーシックレコーディング画面に戻ります。

そして、[テキスト]のプルダウンにある[テキストをコピー]を押して、メモ帳のテキスト編集フィールドをクリックします。

メモ帳を閉じるため、[アプリを開始]の
プルダウンにある[アプリを閉じる]をク
リックし、メモ帳のウィンドウを指定し
ます。

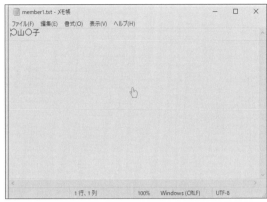

[保存＆終了]をクリックしてベーシック
レコーディングを終了すると、ここまで
のワークフローが生成されます。

ベーシックレコーディングの[テキスト
をコピー]で生成された[テキストを取得]
アクティビティを見ると、取得したテキ
ストは自動的に定義された変数Editable
Textに入るよう設定されています。
こ の 変 数 EditableText は、Generic
Value 型 と し て 定 義 さ れ て い ま す。
GenericValue型は、テキスト、数値、
日付、配列などのデータを格納して用途
に応じて自動的に変換される便利な型で
はありますが、ここではString型に変
えておきましょう。

最後に、読み取り結果を表示するために
[メッセージボックス]アクティビティに
「EditableText」を指定して内容を表示さ
せます。

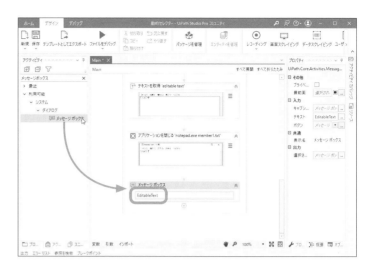

　これで、member1.txtの読み取りと表示を行うワークフローが出来上がりました。「ファイルでデバッグ」を押
すと、次のようなメッセージボックスが表示されます。

図　実行結果

　このワークフローは、member1.txtだけを処理するものです。これを、member2.txt、member3.txtも処理
するよう、「動的セレクター」を使うワークフローに変えていきます。

10.3.2　ワイルドカードを使った動的セレクター

　ワイルドカードとは、「*」や「?」などの記号によって、そこに任意の文字を置き換えることができるような指定
を行うものです。具体的には次のような働きがあります。

記号	意味	記入例	マッチする文字列
?	任意の1文字	202?	2020、2021、2022、202A、202番、……
*	任意の0個以上の文字	第*日目	第1日目、第一日目、第20日目、……
*	同上	*.txt	member1.txt、メンバー1.txt、はじめに.txt、……

　では、先ほどのワークフローのセレクターにワイルドカードを使い、複数のファイルの内容を読み取るワーク
フローに変えていきます。方針としては、member1.txtに加えてmember2.txtとmember3.txtを用意し、[繰

り返し（コレクションの各要素）］アクティビティで、"1"、"2"、"3"の配列（コレクション）を繰り返して、member1.txt、member2.txt、member3.txtの３つのファイルを指定するようにします。

［繰り返し（コレクションの各要素）］アクティビティを、［ベーシック］という表示名のシーケンスアクティビティの前に配置します。

［ベーシック］という表示名のシーケンスアクティビティを、［本体］という表示名のシーケンスアクティビティの中にドラッグ＆ドロップで移動します。
この［ベーシック］には、先ほどのベーシックレコーディングで生成された一連のアクティビティがすべて含まれています。

［繰り返し（コレクションの各要素）］アクティビティの［次のコレクション内の各要素］に、「{"1","2","3"}」という数字の配列を指定します。
また、プロパティパネルで［TypeArgument］を「String」に設定します（これで、"1"、"2"、"3"がString型の配列であることを示します）。

［ベーシック］内にある、［文字を入力］アクティビティで開くファイルを指定しているので、ここで入力する文字列の指定を「"C:¥UiPathTest¥member" + item + ".txt"」に変えます。itemには、繰り返したときに順に "1"、"2"、"3" が入るので、これで member1.txt、member2.txt、member3.txt が指定されることになります。

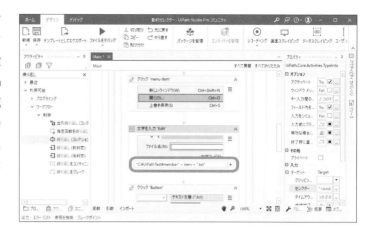

●実行して動作を確認してみる

　ここまでの作業が完了したら、［ファイルをデバッグ］で実行してみて、3つのファイルを読み取るかを確認してみましょう。

　実行すると、member1.txt は正常に読み取ることができますが、次の member2.txt は、メモ帳でファイルが開いた後、メッセージボックスが出てきません。しばらくすると、UiPath Studio のデバッグ画面の出力パネルに「このセレクターに対応する UI 要素が見つかりません」という赤字のメッセージが出ます。

図　member2.txt の処理中にエラーが出て止まってしまう

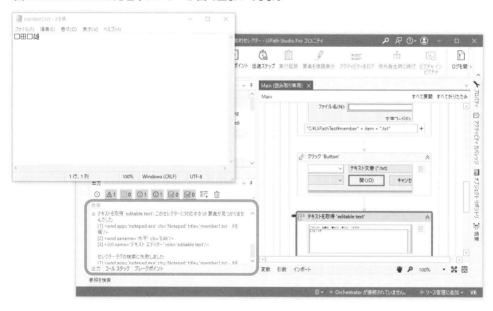

●セレクターを編集する

　セレクターに問題があると言っているので、デバッグ画面の［停止］を押してデバッグを終了させた後、デザイン画面に戻って、［テキストを取得］アクティビティのプロパティパネルで［ターゲット］部分を展開したうえでセ

レクターエディターを表示させます。

図　[テキストを取得]アクティビティのセレクター

　セレクターエディターでも左上の検証ボタンが×印で赤くなっています。セレクターは次のようになっています。

```
<wnd app='notepad.exe' cls='Notepad' title='member1.txt - メモ帳' />
<wnd aaname='水平' cls='Edit' />
<ctrl name='テキスト エディター' role='editable text' />
```

　メモ帳のウィンドウを指定している1行目を見るとtitle='member1.txt - メモ帳'となっており、最初にワークフローを作ったときのファイル名「member1.txt」が指定されていることがわかります。member2.txtを開いたときにはメモ帳のタイトルが変わってしまうため、「member1.txtを開いたメモ帳が見当たらない」というエラーが出たのです。

このため、セレクターのこの部分をmember1.txtでもmember2.txtでもmember3.txtでも処理できるように、ワイルドカードを使って「member*.txt」に書き換えます（「?」でもかまいませんが、「*」としておくと数字の桁が増えても対応できるのでこのようにしています。また、さらに制限を大幅に緩めて「*.txt」や「*」でも機能しますが、誤動作にもつながるのでおすすめしません）。書き換えたら、左上の[検証]ボタンを押して検証してみましょう。

　無事に検証を通過しました。「member*.txt」というワイルドカードを使ったセレクターで、member2.txtのメモ帳も認識できたことがわかります。[OK]ボタンを押して編集したセレクターを保存します。

　これだけではありません。実はもう一ヶ所、[アプリケーションを閉じる]アクティビティもmember1.txtのメモ帳を前提としたセレクターになっています。こちらも同様に、セレクターエディターを開いて、「member1.txt」となっているセレクターを「member*.txt」に書き換えてください。

```
<wnd app='notepad.exe' cls='Notepad' title='member1.txt - メモ帳' />
```
                                              ↓
```
<wnd app='notepad.exe' cls='Notepad' title='member*.txt - メモ帳' />
```

　セレクター修正後、[ファイルをデバッグ]でワークフローを動かすと、3つのファイルが開き、取得したテキストが次々にメッセージボックスで表示されます。

図　実行結果

10.3.3　変数を使った動的セレクター

変数を使って動的セレクターを実現することもできます。ここで、member1.txt、member2.txt、member3.txtの「1」「2」「3」の部分を、その都度変数で置き換えるセレクターを作りましょう。

セレクターには「{{ …… }}」という記法で、中にString型あるいはInt32型の変数を入れることができます。これにより、セレクターを解釈する時点での変数の値がその場所に埋め込まれます。今回は、[繰り返し（コレクションの各要素）]アクティビティでString型の変数itemに「1」「2」「3」が入っていますので、次のようなセレクターを作ればよいことになります。

```
<wnd app='notepad.exe' cls='Notepad' title='member{{item}}.txt - メモ帳' />
```

先ほどワイルドカード（*）で修正した2ヶ所のセレクターを上記で置き換えてください。

- **[テキストを取得]アクティビティのセレクター**
- **[アプリケーションを閉じる]アクティビティのセレクター**

セレクター修正後、[ファイルをデバッグ]でワークフローを動かすと、ワイルドカードを使ったセレクターのときと同じように正しく動作することがわかります。

●Int32型の変数をセレクターに埋め込む場合

最後に、セレクターに埋め込む変数としてInt32型も使えることを確認しておきます。

ここまでのワークフローでは、[繰り返し（コレクションの各要素）]アクティビティの[次のコレクション内の各要素]には、「{"1","2","3"}」という文字列の配列を指定しましたが、ここを「{1,2,3}」という数値の配列に変え、プロパティパネルで[TypeArgument]を「Int32」に設定します。

図　変数をInt32型の数値に置き換える

　変数itemがInt32型に変わったので、ファイルを開くときのファイル名指定を行った［文字を入力］アクティビティの指定も、数値である変数itemを文字列化するためのToStringメソッドを使って下記のように書き換えます。

```
"C:¥UiPathTest¥member" + item.ToString + ".txt"
```

　これらの修正を行った後、［ファイルをデバッグ］でワークフローを動かすと正しく動作したと思います。これで、動的セレクターの{{ }}の指定でInt32型の変数も使えることが確認できました。

第11章

ワークフローのモジュール化
と共有

　この章では、さまざまな場面で共通に利用される再利用可能
なワークフローを作り、さまざまなワークフローから呼び出せる
ようにするための方法を説明します。これは、プログラミングの
世界で使われるモジュール化と同様の手法です。

　この章では、次の技法を説明します。

・ほかのプロジェクトのワークフローを呼び出す方法
・ワークフローの一部を同一プロジェクト内に切り出して呼び
　出す方法
・ワークフローをライブラリとしてパブリッシュする方法

11.1 ワークフロー・モジュールの作成とその呼び出し

8.4節では、ワークフロー全体をテンプレート化して再利用する方法を紹介しましたが、ワークフローの中の一連の処理の部分を抜き出して使い回したいことも多々あるかと思います。

ここでは、「5.2　Excelの範囲の読み込みと書き出し」で作成した「Excel範囲入出力」プロジェクトの中で、摂氏から華氏への変換を行う部分を別個のワークフローとして切り出し、メインのワークフローから呼び出せるようにします。

このような別個のワークフローを作成するには2通りの方法があります。

- **別プロジェクトで作成したワークフローを呼び出す**
- **同じプロジェクト内でメインのワークフローの一部を切り出す**

これらは、共通に使用できるワークフローを[ワークフローファイルを呼び出し]アクティビティを使ってプロジェクト外から絶対パスで呼び出すか、プロジェクト内から相対パスで呼び出すか、という違いになります。

プロジェクト外から絶対パスで呼び出す場合には、呼び出すワークフロー(xamlファイル)がどこにあるかの指定が固定されているので、その場所が変わると呼び出せなくなってしまいます。同じプロジェクト内にある場合は探す必要はなくなりますが、「共用」というより、ワークフローを分割して処理の流れをわかりやすくしたものと考えるべきでしょう。

さらに、このようなワークフローのモジュールを「だれにでも使ってもらえる」ワークフローとするには、パブリッシュしてライブラリとして配布するのがよいでしょう。これについては11.2節と13.4節で説明します。

まずは、ワークフローを[ワークフローファイルを呼び出し]アクティビティで呼び出す上記2つの方法について説明します。

11.1.1　別プロジェクトで作成したワークフローを呼び出す

さまざまなワークフローで再利用できるワークフローを別プロジェクトで作ってから、ほかのワークフローから呼び出す方法について説明します。次の2つの手順で2つのワークフローを作ります。

- **再利用可能な共通ワークフローを作成する**
- **作成したワークフローを別プロジェクトのワークフローから呼び出す**

📋 【作成するプロジェクト】摂氏華氏変換、外部ワークフロー呼び出し

📄 【使用するファイル】世界の天気.xlsx

● **再利用可能な共用ワークフローを作成する**

　新規のプロジェクトとして「摂氏華氏変換」というワークフローを作成します。

　ここで、これまで新規プロジェクト作成時に[場所]の指定を特に変更しませんでしたが、今回は「C:¥UiPathTest」
に変更してください。

　これは、解説の都合上、デフォルトの指定先である「ドキュメント」フォルダーのままだと、「C:¥Users¥ユー
ザー名¥Documents¥UiPath」のようにパスに個々のPCユーザー名が入るため、指定例として書くのが難しく
なるためです（したがって、機能的にデフォルトの指定先を使うことに問題があるという意味ではありません）。

図　[場所]を「C:¥UiPathTest」に変更する

※C:¥UiPathTestにすでに「摂氏華氏変換」フォルダーがあると、同名のプロジェクトが存在する
ということで新規プロジェクトを作成できません。このため、ダウンロードサンプルの「UiPath
サンプル¥データ¥UiPathTest」には「摂氏華氏変換」フォルダーを入れていません。その代わ
り「UiPathサンプル¥プロジェクト¥第11章」に入れてあります。ここでの操作を自分で行わ
ずに「外部ワークフロー呼び出し」のテストだけしたい場合は、この「摂氏華氏変換」フォルダ
ーをC:¥UiPathTestにコピーしてご利用ください。

　さて、これまでのワークフローと違うのは「引数」というものを定義するところです。

　プログラマーには馴染み深いものですが、引数は呼び出し元のワークフローから数値や文字列などのデータを
受け取って、それを処理した結果をデータとして返すために使う箱のようなものです。データを入れる箱という
意味では変数と同じようなものですが、引数はワークフローの窓口に置かれ、外とのやり取りをするための箱と
考えてください。

　デザイナーパネルの下部にある[引数]タブをクリックすると、変数のときと同様に引数を定義する欄が現れま
す。変数との違いは[方向]という項目がある点です。方向は次の4つ（実質3つ）から指定します。

方向	意味
入力	ワークフローを呼び出す際に与えられる変数。これを使って、何らかの処理を行う
出力	ワークフローで処理した結果の値を呼び出し側に返すための変数
入力/出力	入力にも出力にも使う変数（処理した結果、値は変わる）
プロパティ	執筆時点（v2021.4）では使用されていません

　それでは引数を定義しましょう。

[引数]タブをクリックし、呼び出し元から渡す「入力」となる摂氏に相当する引数「in_celsius」(Int32型)、華氏に変換して呼び出し元に返す「出力」となる引数「out_fahrenheit」(Double型)を定義します(Double型は[引数の型]の初期のプルダウンには現れませんので、[型の参照...]で「System.Double」を検索してください)。

これらの引数を使って、摂氏から華氏への変換を行う[代入]アクティビティを作ります。左辺には「out_fahrenheit」、右辺には「in_celsius*9/5+32」を記入します。

これでワークフローのモジュールが用意できました。

●本体からのワークフローファイルの呼び出し

本体となるワークフローは、5章で作成した「Excel範囲入出力」プロジェクトをベースにカスタマイズします。このため、以下を始める前に、8.4節で説明した方法で「Excel範囲入出力」プロジェクトをテンプレート化して、「Excel範囲入出力テンプレート」を作っておいてください。

「Excel範囲入出力テンプレート」を使って、新規プロジェクト「外部ワークフロー呼び出し」を作成します。

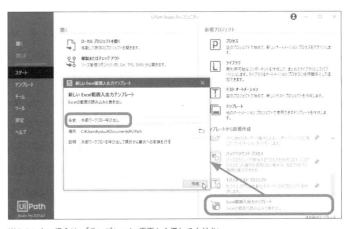

※ここにない場合は、「テンプレート」画面から探してください。

摂氏から華氏への変換計算を行っている
[代入]アクティビティを右クリックし
て、プルダウンメニューから[アクティ
ビティを無効化]をクリックして無効化
します(あるいは削除してもかまいませ
ん)。

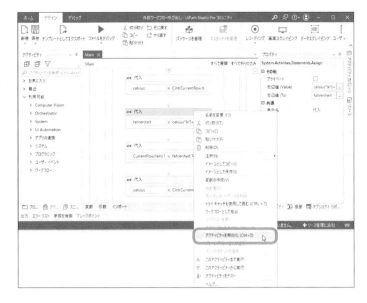

その下に[ワークフローファイルを呼び
出し]アクティビティを配置します。

次に、呼び出すワークフローファイルを指定するために、ファイル指定欄の右にあるフォルダーアイコンを押して、先ほど作成したワークフローファイル（C:¥UiPathTest¥摂氏華氏変換¥Main.xaml）を選択して[開く]をクリックします。

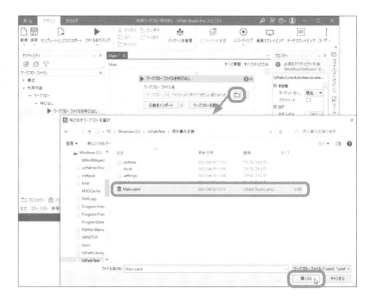

次に、引数を定義するため[引数をインポート]をクリックします。

呼び出されるワークフロー側で先ほど設定した引数(in_celsius、out_fahrenheit)がそのまま使われるように設定されます。
[値]には、引数に渡したい値を具体的な値、変数、変数を使った式などで指定します。ここでは、呼び出し側で使っている「celsius」と「fahrenheit」を指定します。

摂氏から華氏への変換を行っているもう一つの[代入]アクティビティの部分も同様に無効化(あるいは削除)して[ワークフローファイルを呼び出し]アクティビティを配置します。

　これで外部のワークフローを呼び出して摂氏から華氏への変換を行い、5章で作ったのと同様に「世界の天気.xlsx」を処理するワークフローが出来上がりました。[ファイルをデバッグ]を実行すると、同じ内容のExcelファイルが生成されます。

図　実行結果

●引数として渡す値について

　なお、[ワークフローファイルを呼び出し]アクティビティの引数に渡す入力値として、変数celsiusを使わずに、読み込んだExcelファイルの値を表す式(たとえば、「CInt(CurrentRow.Item(1))」や「CInt(CurrentRow.Item(2))」など)を[値]に直接指定することもできます。

　このように、引数は呼び出されるワークフローと呼び出すワークフローの間での「窓口」となる「箱」ですので、呼び出し側で自由に指定することができます。

　呼び出し側のワークフローと呼び出されるワークフローの間での引数を介した値の受け渡しを図示すると次のようになります。

図　引数の受け渡しの様子

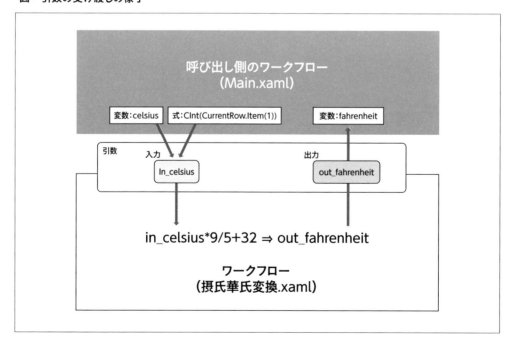

11.1.2　ワークフローの一部分を切り出す

　呼び出し側となる本体ワークフローから、その一部を切り出して別のワークフローを作成する方法について説明します。

▦【作成するプロジェクト】ワークフロー切り出し

▤【使用するファイル】世界の天気.xlsx

　前項の例と同じく、「fahrenheit = Celsius*9/5+32」の計算を行っている[代入]アクティビティを切り出して別のワークフローにします。

　今回も、テンプレートを利用してワークフローを用意します。

「Excel範囲入出力テンプレート」を使って、新規プロジェクトを「ワークフロー切り出し」という名前で作成します。

※ここにない場合は、「テンプレート」画面から探してください。

11

ワークフローのモジュール化と共有

摂氏から華氏への変換計算を行っている
[代入]アクティビティを右クリックして
出るプルダウンメニューから、[ワーク
フローとして抽出]をクリックします。

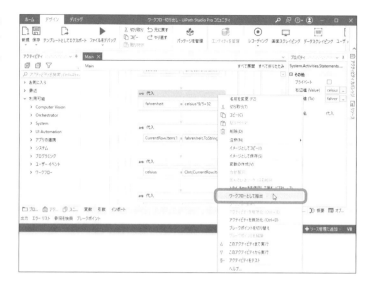

抽出するワークフローの[名前]を「摂氏
華氏変換」としましょう。そして、[作
成]をクリックします。

※[場所]でワークフローのファイル（.xaml）を置く場所を指定できるようになっていますが、あら
かじめ入っている元のプロジェクトのフォルダー配下にしか置けません。したがって、そのま
まにしておきます。

デザイナーパネルに[摂氏華氏変換]タブ
が用意されて、表示が切り替わります。

[Main]タブをクリックして元のワーク
フロー表示に戻すと、[Invoke摂氏華氏
変換workflow]アクティビティが配置さ
れています。

※アクティビティの表示名が[ワークフローファイルの呼び出し]とは違う名前になっていますが、
これは確かに[ワークフローファイルの呼び出し]アクティビティであり、UiPathの日本語表示
の問題です(いずれ変わるかもしれません)。

ここで[引数をインポート]ボタンをクリ
ックすると「呼び出されたワークフロー
の引数」画面が表示され、出力の引数
fahrenheit、入力の引数celsiusが設定
されています。

[摂氏華氏変換]タブに切り替えて[引数]
を確認してみると、出力の引数
fahrenheit、入力の引数celsiusが定義
されていることが確認できます。これは
UiPathが[代入]アクティビティで使わ
れている変数から自動生成したもので
す。

もう一つ摂氏から華氏変換を行っている
[代入]アクティビティもこのワークフロ
ー呼び出しを行いたいので、その[代入]
アクティビティを無効化（あるいは削除）
したうえで、[Invoke 摂 氏 華 氏 変 換
workflow]アクティビティをコピーして
貼り付けます。

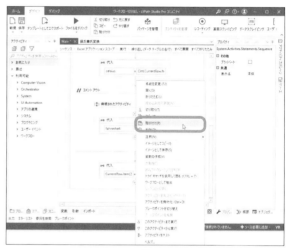

これで、ワークフローの切り出しと、それを呼び出すワークフローが完成しました。[ファイルをデバッグ]を実行すると、これまでと同じ結果が得られます。

●切り出したワークフローファイルの確認

「新規ワークフロー」画面の[場所]で指定されていたとおり、切り出したワークフローのファイル(摂氏華氏変換.xaml)は、呼び出し側のワークフローであるMain.xamlと同じプロジェクトのフォルダー(ドキュメント¥UiPath¥ワークフロー切り出し)の中に生成されています。

図　プロジェクト内に「摂氏華氏変換.xaml」が生成されている

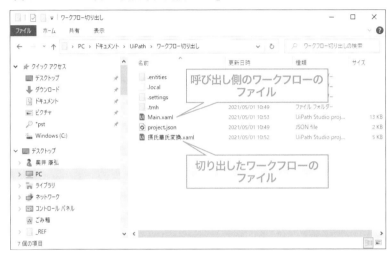

これは、プロジェクトパネルでも確認できます。

図　プロジェクトパネルでの表示

11.2 共用ワークフローのライブラリ化

前節では、さまざまな場面で共通に使えるワークフローを別個に作成して呼び出す方法を考えました。この節では、さらに、そのような「だれにでも使ってもらえる」ワークフローをライブラリパッケージとして提供する方法を説明します。

📋【作成するライブラリプロジェクト】温度表記変換

11.2.1 ライブラリプロジェクトの作成

ライブラリを作るには、新規プロジェクトの作成において、これまでの[プロセス]ではなく、[ライブラリ]を指定します。

UiPath Studioのスタート画面の[新規プロジェクト]から、「ライブラリ」をクリックします。

[名前]を「温度表記変換」として、[作成]をクリックします。

開いたUiPath Studioの画面のプロジェクトパネルを確認すると、「NewActivity.xaml」というワークフローが一つ入っています。

このxamlファイルがライブラリを読み込んだ際に追加されるアクティビティの正体です。このファイル名がアクティビティ名になりますので、右クリックしてメニューから[名前を変更]を選択して、「摂氏華氏変換.xaml」に名前を変更します。

11

ワークフローのモジュール化と共有

11.2　共用ワークフローのライブラリ化　239

名前を変えたxamlファイル（摂氏華氏変換.xaml）をクリックして、ワークフローの作成を開始します。

11.1.1項で作成したのと同じ引数「in_celsius」（Int32型）、「out_fahrenheit」（Double型）を定義して、摂氏から華氏への変換式を記述した［代入］アクティビティを配置したワークフクローを作ります（左辺「out_fahrenheit」、右辺「in_celsius*9/5+32」）。

11.2.2　ライブラリのパブリッシュ

このワークフローを提供するライブラリを作るために、このプロジェクトをパブリッシュします。

デザインリボンの［パブリッシュ］ボタンをクリックします。

この時点でプロジェクト内にあるワークフロー（xamlファイル）は「摂氏華氏変換.xaml」だけなので、［摂氏華氏変換］という1つのアクティビティだけを含むライブラリが作成されます。

「ライブラリをパブリッシュ」画面が表示され、プロジェクト名である「温度表記変換」が[パッケージ名]に入っています。

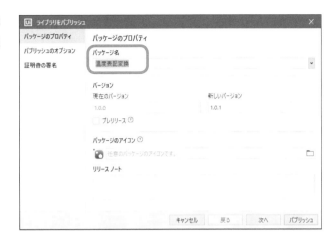

[パブリッシュのオプション]をクリックして表示を切り替えて、[パブリッシュ先]を「カスタム」にして、[カスタムURL]として今回は「C:¥UiPathTest」のフォルダーを指定し、[パブリッシュ]ボタンを押します。

パブリッシュされた旨の画面が表示されます。

11.2.3　ライブラリのインストール

次に、パブリッシュされたライブラリを使うための準備作業の手順を示します。

▤ 【作成するプロジェクト】ライブラリ呼び出し
▤ 【使用するファイル】世界の天気 .xlsx

※「ライブラリ呼び出し」プロジェクトは、ここで説明する設定とインストールを行う必要があるため、サンプルファイル「UiPath サンプル .zip」には含まれていません。

UiPath Studio で「Excel 範囲入出力テンプレート」を使って、新規プロジェクト「ライブラリ呼び出し」を作成します。

※ここにない場合は、「テンプレート」画面から探してください。

デザインリボンで[パッケージを管理]をクリックして、「パッケージを管理」画面を表示します。

「パッケージを管理」画面の[設定]をクリックすると、ライブラリをどのフォルダーから読み取るかを指定することができます。画面下部の[ソース]欄の右にある[…]をクリックすると、「パッケージソースフォルダーを選択」画面が現れるので、今回のパブリッシュ先のフォルダー「C:¥UiPathTest」を指定し、[フォルダーの選択]ボタンをクリックします。

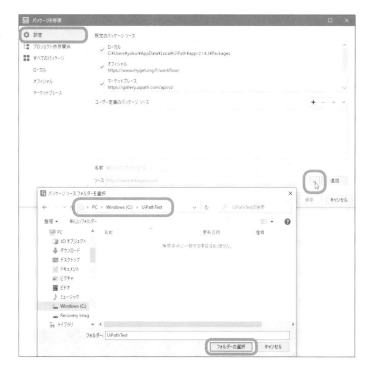

今回は、パッケージソースの[名前]を「自作ライブラリ」としましょう。
そして[追加]ボタンをクリックします。

すると[ユーザー定義のパッケージソース]の欄に「自作ライブラリ」が入り、左のペインにも「自作ライブラリ」が表示されます。

左のペインで「自作ライブラリ」をクリックすると、パブリッシュした「温度表記変換」ライブラリが表示されます。

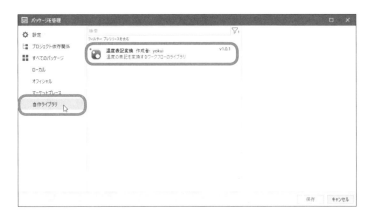

「温度表記変換」ライブラリを使えるようにするために、「温度表記変換」をクリックして現れる右ペインの[インストール]ボタンをクリックします。
インストール後は[保存]をクリックします。

これで、「温度表記変換」ライブラリを使う準備が整いました。

11.2.4　ライブラリを使ったワークフロー作成

　では、「ライブラリ呼び出し」プロジェクトで「温度表記変換」ライブラリを使ってワークフローを作成しましょう。

アクティビティパネルで［利用可能］の下に「温度表記変換」という名前のライブラリが表示されています。
そこをクリックすると「摂氏華氏変換」というアクティビティが表示されます。これが11.2.1項で作ったワークフローに相当するアクティビティです。

テンプレートとして読み込んだワークフローの、摂氏から華氏への変換計算を行っている［代入］アクティビティを削除して、その箇所に［摂氏華氏変換］アクティビティを配置します。

プロパティパネルを見ると、引数の入力である［Input］に「in_celsius」、出力である［Output］に「out_fahrenheit」が表示されているので、それぞれ変数「celsius」「fahrenheit」を指定します。

同じ摂氏から華氏への変換計算をしているもう一つの[代入]アクティビティについても、同様に[摂氏華氏変換]アクティビティで置き換えます。

これで自作のライブラリのアクティビティを使ったワークフローの出来上がりです。[ファイルをデバッグ]をクリックして、これまでと同じ結果が得られることを確認してください。

第12章

システム例外に対処する

UiPathのワークフローを作成しても、実際に動かすと、予想外の入力データによってシステム例外が発生してしまうなど、さまざまな原因で処理が途中で止まることがあります。この章では、そのような場面で、ワークフローを止めずに処理を進める手法について説明します。

12.1 システム例外をキャッチして処理する

第5章で作った「Excel範囲入出力」のワークフローにおいて、Excel（世界の天気,.xlsx）の入力データに不具合があり、ワークフローが動かなくなるケースを考えてみましょう。たとえば、図のように温度のデータが空欄になっているセルがある場合、[ファイルをデバッグ]を実行すると、途中でシステム例外が発生し処理が止まってしまいます。

図　データが欠落した状態から実行したため、システム例外が発生

出力パネルに赤字で英語のエラーメッセージが出ています。ここでは、空の値（DBNull）を整数（Integer）に変換しようとしてシステム例外のエラーが出ています。

入力データに依存したこのようなシステム例外が発生しても、UiPath側でそれをキャッチして適切な対応を行って処理を続行させるためのしくみがあります。それが[トライキャッチ]アクティビティです。

図　[トライキャッチ]アクティビティ

[トライキャッチ]アクティビティは、Try、Catches、Finallyの3つの欄で構成されています。

- Try欄：システム例外が発生する可能性があるアクティビティを指定する
- Catches欄：発生したシステム例外の種類ごとに行う対応をアクティビティで指定する
- Finally欄：システムエラーが発生する／しないにかかわらず実行するアクティビティを配置する

Catches欄にデフォルトで用意されているシステム例外（Exception）の種類は、下記のものがあります。これ以外については、変数の型同様に、［型の参照...］から検索して指定する必要があります。

システム例外	意味
System.ArgumentException	引数が無効な場合に発生する例外
System.NullReferenceException	値がない（Nullを参照した）ときに発生する例外
System.IO.IOException	入出力（I/O）エラーのときに発生する例外
System.InvalidOperationException	メソッドを呼び出せなかったときに発生する例外
System.Exception	例外の種類に関係ないシステム例外全般（どのようなエラーが起こるかわからない場合に汎用的に利用できて便利です）

12.1.1　トライキャッチの使い方

　ここでトライキャッチ機能を使って、想定外のデータが渡されたためにアクティビティで発生したシステムエラーを拾って処理する（「元データエラー」というテキストをExcelのセルに書き込む）ワークフローを作成します。

　11章でも利用した「Excel範囲入出力テンプレート」をここでも利用します。これをベースにして［トライキャッチ］アクティビティを使ったプロジェクト「Excel範囲入出力トライキャッチその1」を作成していきます。

📑【作成するプロジェクト】Excel範囲入出力トライキャッチその1
📄【使用するファイル】世界の天気.xlsx

UiPath Studioを起動し、［テンプレートから新規作成］の中から「Excel範囲入出力テンプレート」を選択します。

※ここにない場合は、「テンプレート」画面から探してください。

プロジェクト名を指定するウィンドウが
現れるので、名前を「Excel範囲入出力
トライキャッチその1」として[作成]ボタ
ンを押します。

テンプレートのワークフローが現れま
す。

先ほどエラーが出た[代入]アクティビテ
ィの前([本体]という表示名のシーケン
スアクティビティ内の先頭)に[トライキ
ャッチ]アクティビティを配置します。

[トライキャッチ]アクティビティでは、
[Try]の部分にエラーが発生する可能性
があるアクティビティを入れます。
今回は、Excelから読み取った値を整数
化してcelsiusに代入する[代入]アクティ
ビティをTry内にドラッグ＆ドロップ
します。

次に[Catches]で、どのようなタイプの
システムエラーに対応するかを選択しま
す。
[新しいcatchの追加]の部分をクリック
すると例外（Exception）を指定する画面
表示になり、プルダウンメニューでシス
テム例外を選択できるようになります。

対応したい例外のタイプを選択できるよ
うになっていますが、ここでは、特定の
システム例外に限らず全般的にエラーに
対応するため「System.Exception」を選
びます。

すると[ここにアクティビティをドロップ]という領域が現れるので、そこに、システム例外が発生した時に行いたいアクティビティを配置します。

後でエラーがあった場合となかった場合でExcelに書き込む内容を変えたいので、エラーが発生したことを判定するためのBoolean型の変数「input_error」を定義し、[スコープ]は「本体」、[既定値]は「False」とします。

そして[代入]アクティビティを配置して、左辺「input_error」に、右辺「True」を代入します。

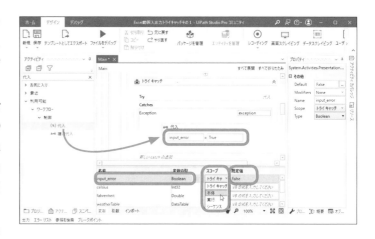

Boolean型の変数input_errorで、エラーがあったかどうかによって分岐させるため、[トライキャッチ]アクティビティの前に[条件分岐]アクティビティを配置し、[条件]に変数「input_error」を指定します。

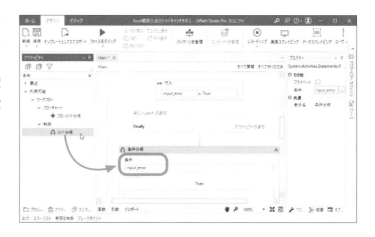

[条件分岐]アクティビティの[Then]欄には、エラーがあったときにExcelのセルに「元データエラー」と書き込みたいので、対応するCurrentRow.Item(1)に文字列"元データエラー"を代入する[代入]アクティビティを配置します。

もう一つ[代入]アクティビティを配置し、次の繰り返し処理のため、変数input_errorをFalseに戻しておきます。

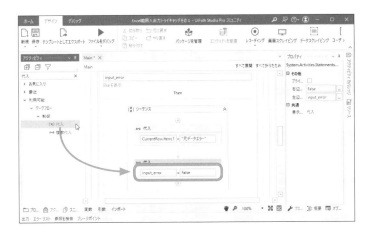

次にエラーがなかった場合の処理として、[Elseを表示]をクリックし、開いた[Else]欄に、下に残っている、摂氏華氏変換と結果の書き込み処理を行うための2つの[代入]アクティビティを一つずつ移動させます。

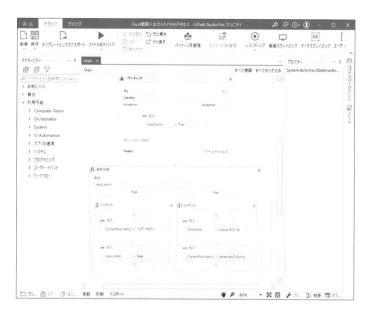

残った3つの[代入]アクティビティは、最低気温のカラムを読み取って変換を行うための処理です。先ほどの最高気温のときと同じ手順で[トライキャッチ][条件分岐]のアクティビティを作ってください。

なお、読み取り対象となるカラムは、CurrentRow.Item(2) になります。また、変数input_errorはそのまま使うことができます。

　これで完成です。［ファイルをデバッグ］で実行してみると、途中で処理を止めることなく、エラーが発生した「世界の天気.xslx」のセルには「元データエラー」というテキストが入ります。

図　実行結果

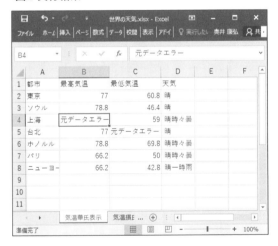

次に、UiPathのアクティビティがシステム例外を起こす前に、入力データが想定外のものであることを判定し、自らシステム例外を発生させて処理を行うというワークフローを作成します。システム例外を疑似的に発生させるのが[スロー]アクティビティです（slowではなくthrowです）。

前項と同様に、「Excel範囲入出力テンプレート」をベースにします。[トライキャッチ]アクティビティ内で[スロー]アクティビティを使ってシステム例外を発生させ、それをキャッチして処理するプロジェクト「Excel範囲入出力トライキャッチその2」を作成します。

なお、今回はシステム例外の種類とし「System.BusinessRuleException」（ビジネスルール例外）を使うことにします。これは、対象としている業務（Business）の内容に合わない状態を表すものとして使われます。それでここここでは、温度の欄に値がないのは業務上想定外の無効なデータであると解釈し、ビジネスルール例外を使うことにします。

🗒 【作成するプロジェクト】Excel範囲入出力トライキャッチその２
📄 【使用するファイル】世界の天気.xlsx

UiPath Studioを起動し、[テンプレートから新規作成]から「Excel範囲入出力テンプレート」を選択します。

※ここにない場合は、「テンプレート」画面から探してください。

プロジェクト名を指定するウィンドウが現れるので、「Excel範囲入出力トライキャッチその2」とし、[作成]ボタンを押します。

テンプレートとしてのワークフローが現れます。

[繰り返し（データテーブルの各行）]アクティビティの[本体]という表示名のシーケンスアクティビティ内の先頭に[トライキャッチ]アクティビティを配置します。

Excelから読み込んだ「最高気温」の文字列が数値であるかどうかを判定するため、[Try]の領域内に[代入]アクティビティを配置し、String型の変数「input_string」を定義したうえで、「CurrentRow.Item(1).ToString」を代入します。

[代入]アクティビティの後ろに、想定外の入力データを検知して処理を分け、例外をスローするための[条件分岐]アクティビティを配置します。
[条件]には、変数input_stringが数値かどうかを判定するIsNumericメソッドを用いて「input_string.IsNumeric」を指定します。

input_string.IsNumeric が True（入力
データが数値だった）だったときの処理
を行う[Then]には、入力データの整数
化、摂氏華氏変換、データデータテーブ
ルセルへの格納を行う一連の3つの[代
入]アクティビティを一つずつ移動させ
ます。

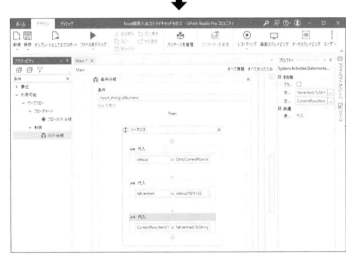

[Elseを表示]をクリックして[Else]欄
を表示します。

[Else]欄では、入力データが数値でなか
ったときの処理を行うので、ここに例外
を発生させる[スロー]アクティビティを
配置します。

入力データが数値の形をしていないとい
うのは、今回の業務(ビジネス)の観点で
のエラーなので、「ビジネスルール例外」
を発生させることにします。
[スロー]アクティビティのプロパティパ
ネルの[例外]に、エラーメッセージを付
けて「New BusinessRuleException("
元データエラー")」と記入します。

[Catches]の下の[新しいCatchの追
加]をクリックして、プルダウンメニュ
ーの[型の参照…]から「BusinessRule
Exception」を検索して指定します。

追加したCatchesに[代入]アクティビティを配置して、データテーブルの該当するセル「CurrentRow. Item(1)」に先ほど例外をスローしたときに設定したエラーメッセージ("元データエラー")を「exception.Message」で参照して代入します。

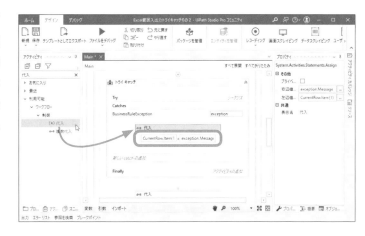

これで「最高気温」の部分の処理は完成です。

あとは「最低気温」の部分についても、データテーブルのセルからの読み取り／摂氏華氏変換／データテーブルのセルへの書き込みを行っている3つの[代入]アクティビティについて、対象がCurrentRow.Item(2)である以外はまったく同じ手順でトライキャッチのワークフローを作成します。

これで、ワークフローは完成です。

12.2.1 [スロー]アクティビティの動作

　ここデバッグリボンの[ファイルをデバッグ]を実行すると、例外をスローしたところで、[スロー]アクティビティが赤く囲われて処理が止まります。

図　処理が止まり、出力に「スロー：元データエラー」と出力されている

　ここでデバッグリボンの[続行]を押しながら処理を進めると、最終的に「Excel範囲入出力トライキャッチその1」のときと同じExcelファイルが生成されて処理が終わります。

　ちなみに、[ファイルをデバッグ]には3つの実行方法があり、プルダウンメニューから選ぶことができます。通常は「デバッグ」でワークフローを処理しているので、例外が発生した箇所で処理が止まります。それ以外の、[ファイルを実行]あるいは[実行]では、例外のスローを無視して最後までワークフローが実行されます。

図　[ファイルをデバッグ]の実行方法

　なお、通常の[デバッグ]で実行する際に例外発生で処理を止めたくない場合は、デバッグリボンの[例外発生時に続行]をクリックして有効化しておくと、例外で止まることなく最後まで実行されます。

図　[例外発生時に続行]ボタン

第13章

ロボットの実行と
Orchestratorの活用

　プロジェクトが完成したら、それをロボットに実行させるのが
RPAの醍醐味です。そのためには、プロジェクトをパッケージ化
して、ロボットが参照できるように公開（パブリッシュ）する必要
があります。

　この章では、完成したプロジェクトをパブリッシュする方法と、
パブリッシュされたプロセスを実行するさまざまな方法を、無償
のCommunity版で使える範囲で解説していきます。

　また、11章で説明したライブラリをOrchestratorにパブリ
ッシュして使う方法についても解説します。

13.1 パブリッシュとUiPath Assistantからの実行

　本書はここまで、出来上がったワークフローをUiPath Studioの［ファイルをデバッグ］機能を用いて実行してきましたが、これはUiPath Studioに内蔵された検証用のロボットを使ったデバッグ作業の一環として実行している状況でした。しかし、実際に利用する段階となると、いつまでも開発環境から実行するわけにはいきません。完成したワークフローをロボットに実行させるようにできて、ようやく実用開始となります。

　そのためには、プロジェクトをパッケージ化し、ロボットに配布できるようにしなければなりません。そのようなパッケージを作る手順を**パブリッシュ**と言います。パブリッシュしたパッケージは、UiPathロボットの窓口となる「UiPath Assistant」に表示され、ここから実行します。

　ここでは、2章でサンプルとして作成したプロジェクト「Sample-0」を使って、プロジェクトのパブリッシュから、UiPath Assistantで利用できるようになるまでの一連の流れを解説します（なお、使用するプロジェクトは何でもかまいません）。

13.1.1　パッケージのパブリッシュ

　パブリッシュ（公開）を行う手順を解説します。なお、ここでは、UiPath StudioがOrchestratorに接続された状態で説明します。接続していない場合は、第2章のStudioのOrchestratorへのサインインの方法を見て、サインインしておいてください。

パブリッシュするプロジェクトが開いている状態から、デザインリボンの右端にある［パブリッシュ］をクリックします。

※［パブリッシュ］が表示されていない場合は、リボン右端の［>］をクリックして、リボンの表示をスクロールさせてください。

パブリッシュするパッケージのプロパティとして「パッケージ名」「バージョン番号」「パッケージのアイコン」「リリースノート」を指定する画面になります。おもにパッケージ名を指定しますが、今回はこのまま「Sample-0」として[次へ]をクリックします。

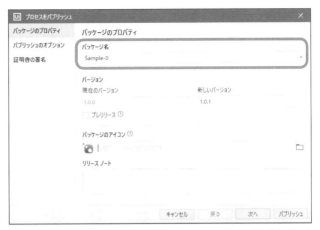

※バージョン番号は同じプロジェクトをパブリッシュするたびに自動的に番号が進みます。

「パブリッシュのオプション」では、「パブリッシュ先」として[Orchestrator個人用ワークスペースフィード]を指定し、右端の[パブリッシュ]ボタンをクリックします。

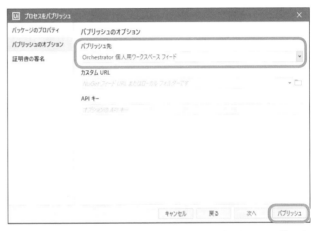

※クラウド環境に接続せずに利用している場合は、[Assistant(ロボットの既定)]を選択します。

「プロジェクトは正常にパブリッシュされました。」というメッセージとともに、先ほど指定したパッケージ名、バージョン番号が表示されます。

　以上でパッケージのパブリッシュは完了です。次はいよいよロボットに実行させます。

13.1.2　UiPath Assistantの起動

　パブリッシュしたパッケージはUiPathロボットで実行します。そのUiPathロボットを操作するアプリケーションが「UiPath Assistant」です。以前まではアプリケーション名も「UiPath Robot」だったのですが、現状では機能や役割をロボットと呼ぶようになっています。

　それでは、さっそくUiPath Assistantを起動してみましょう。スタートメニューから「UiPath Assistant」を

13

ロボットの実行とOrchestratorの活用

クリックすると、UiPath Assistantの操作画面が表示されます。

　なお、初回起動時にはマスコットを選んで名前を付けるよう促されるので、好きなイラストを選んで名前を付けてあげましょう。また、Orchestratorに接続していない場合はサインインを促す画面が表示されるので、サインインするかオフラインのまま利用するかを選択する必要があります（詳しくは13.1.5項を参照してください）。

図　UiPath Assistantの起動

　もし英語表示となっている場合は、ウィンドウの右上にある人物アイコンをクリックして[Preferences]を選択すると、開いてすぐに「Language」の設定がありますので、ここで日本語に切り替えることができます。

13.1.3　パッケージの実行

　UiPath Assistantの画面を確認すると、「ホーム」に先ほどパブリッシュした「Sample-0」が表示されています。マウスをその上に持っていくと、「Sample-0」の右側に再生ボタンが表示されるので、それをクリックするとロボットがプロセスを実行し、「実行中のプロセス」にプロセスが表示されます。

「Sample-0」の上にマウスを持っていくと、再生ボタンが表示されるので、それをクリックします。

※図ではプロセス名の下が「インストールを待機中」となっていますが、ここが「未実行」となっていることもあります。その場合でも操作は同じです。

プロセスの状態は、最初に「実行が開始
するまで待機しています...」となり、次
に「ジョブが処理を開始しました。」に変
わります。

デバッグで実行したときと同様に、最後
にメッセージボックスが表示されます。

　以上がUiPathで作業を自動化するための大きな流れです。Sample-0はメッセージボックスを表示するという
非常にシンプルな動作でしたが、複雑な作業を自動化する場合は、ワークフローを作り込んだり、シンプルな機
能を複数用意して組み合わせて実行する形になります。
　そのようにして作成したパッケージはパブリッシュして組織やチーム内で共有し、それぞれの利用者はUiPath
Assistantからボタンひとつで実行できるようにしておく、というのがUiPathのひとつの利用イメージになりま
す（もちろん個人で利用してもかまいません）。

13.1.4　UiPath Assistantの画面構成

ロボットを実行するUiPath Assistantの画面構成について説明します。

● **ホームタブ**

　パブリッシュしたプロセスが一覧表示されている画面です。各プロセスにマウスを重ねるとボタンやメニュー
が表示されるようになります。

13

ロボットの実行とOrchestratorの活用

開始（再生マーク）	登録されたプロセスを実行する
お使いのセッションで開始	再生マークの「開始」と同じ
PiPで開始	プロセス実行用の小さなウィンドウが表示され、その中で別のWindowsセッションを起動してプロセスを実行する（要 Windows 10 Pro。本書では扱いません）
プロセスの詳細を表示	パブリッシュ時に記入した説明文が表示されるほか、「PiPで開始」のオン／オフや、キーボードショートカットを割り当てることができる
スタートパッドにピン留め	「お気に入りのプロセスをここに追加」と表示されている右半分の領域に、よく使うプロセスを配置しておく機能
デスクトップに送信	デスクトップにショートカットを作成する
個人のプロセスを削除	プロセスを削除する

●アラームタブ

　設定した時間が来たら、プロジェクトの「開始」を促すメッセージを表示する機能です。設定項目は日時指定のほか、日・週・月ごとや繰り返し設定など、細かく設定できます。

　なお、この機能はあくまで設定した時間に実行を促すメッセージを表示してくれるだけです。実行する場合は自分で操作する必要があります。

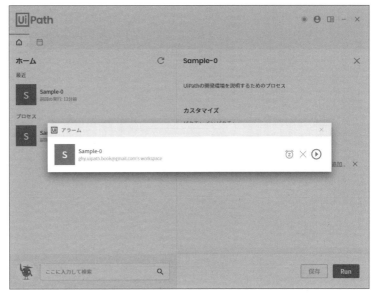

13.1.5　Orchestrator へのサインイン／サインアウト

　ここでは、UiPath Assistant の Orchestrator へのサインイン／サインアウトについて説明します。

　なお、第 2 章の UiPath Studio のサインインのところでも説明しましたが、Studio と Assistant の接続状態は連動しています。どちらで操作を行っても他方もサインイン（サインアウト）されます。以下は Assistant 側でのサインイン／サインアウトの説明です。

● 「アカウントにサインインしてください」画面

　UiPath Studio あるいは Assistant で一旦サインアウトした直後や、起動時に Orchestrator に接続していないときには、下図のようにサインインを要求する画面が表示されます。

　Orchestrator にサインインするときは［サインイン］ボタンを、サインインせずにオフラインで Assistant を使うときは［オフラインを継続］をクリックします。

図　UiPath Assistant のサインイン要求画面

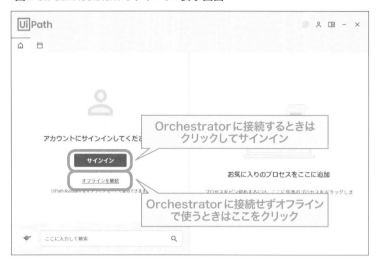

●人型アイコンからのサインイン／サインアウト

Assistant を使用中にサインイン／サインアウトしたい場合は、UiPath Studio と同様に、上部の人型のアイコンをクリックしたときに出るプルダウンから切り替えることができます。

クリックした後の操作も、2.5.2 項で解説した UiPath Studio の場合と同じです。なお、Assistant が Orchestrator に接続しているかどうかは、人型のアイコンの左にある「◎」印がグリーンになっているかどうかで判別できます。

図　サインイン中（左）の表示と、オフラインモード時の表示（右）

13.2 接続状態ごとのパブリッシュ先とUiPath Assistantの表示

13.1節では、プロジェクトをパブリッシュしてUiPath Assistantから利用する流れを解説しました。実は、このUiPath Studioからのパブリッシュ先と、UiPath Assistantに表示される内容は、Orchestratorとの接続状態によって変化します。

パブリッシュ先	実行方法
Orchestratorに接続しているとき	
Orchestrator個人用ワークスペースフィード	UiPath Assistantで実行（プロセスが自動的にできているのでそのまま実行可）
Orchestratorテナントプロセスフィード	・Orchestrator側で「Shared」フォルダーにプロセスを登録してからUiPath Assistantで実行
	・マシンキーでUiPath Assistantを接続してOrchestrator側から遠隔実行（13.3節を参照）
Orchestratorに接続していないとき	
Assistant（ロボットの既定）	UiPath Assistantで実行（プロセスが自動的にできているのでそのまま実行可）

ここでは、Orchestratorに接続していない状態（サインアウト）を含め、パブリッシュ先によって何がどこに格納されるのか、また、それをどうやってUiPath Assistantから動かせるようになるかを説明します。

13.2.1 Orchestrator個人用ワークスペースフィードへのパブリッシュ

UiPath StudioがOrchestratorに接続されている場合、デフォルトのパブリッシュ先として指定されているのが、この「Orchestrator個人用ワークスペースフィード」です。13.1節でも、ここにパブリッシュしました。では、実際にOrchestratorのどこに入っているのかを確認しましょう。

Automation Cloudにサインインして、画面の左側のアイコンの並びの一番下にある[管理]をクリックします。

13

ロボットの実行とOrchestratorの活用

「Administration」画面に切り替わるので、［テナント］を選択し、リストされるテナント（右では１つ）の［サービス］欄で［Orchestrator］をクリックします。

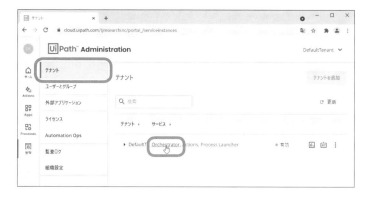

「Orchestrator」画面に切り替わります（以下、この画面を「Orchestratorのホーム画面」と表記し、表示するまでの手順等を省略します）。
［My Workspace］を選択し、［プロセス］をクリックします。

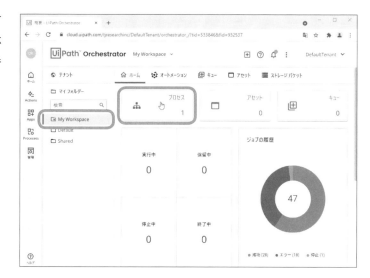

ここに「Orchestrator個人用ワークスペースフィード」にパブリッシュしたプロセスが一覧表示されています。
プロセスを削除する場合もここで操作します。

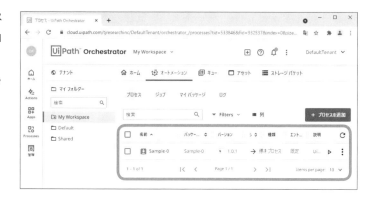

● **UiPath Assistantでの実行**

　「Orchestrator個人用ワークスペースフィード」にパブリッシュしたプロセスは、Orchestratorにサインインした状態であればデフォルトでUiPath Assistantに表示され、実行することができます。

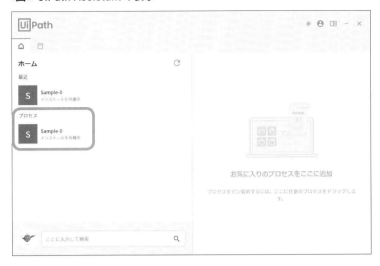

13.2.2　Orchestratorテナントプロセスフィードへのパブリッシュ

　この項の作業を進めるため、7章で作成した「Webデータ取得」プロジェクトを開き、[パブリッシュのオプション]の[パブリッシュ先]として[Orchestratorテナントプロセスフィード]を選択してパブリッシュしておいてください。

図　[Orchestratorテナントプロセスフィード]を選択してパブリッシュ

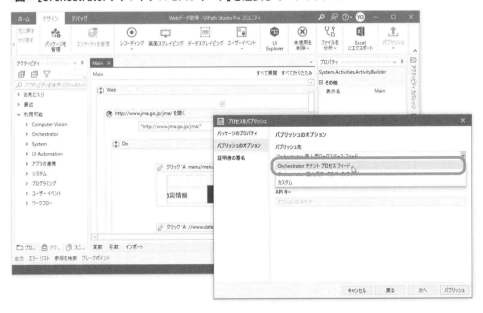

13

ロボットの実行とOrchestratorの活用

パブリッシュ先として、「Orchestratorテナントプロセスフィード」を指定した場合は、以下の手順でパブリッシュしたパッケージを確認できます。

「Orchestratorのホーム画面」を表示して、［テナント］をクリックします。

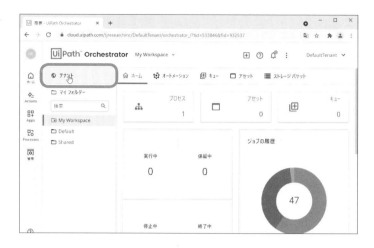

［テナント］の管理画面で、上部のメニューバーの［パッケージ］をクリックします。

ここに「Orchestratorテナントプロセスフィード」にパブリッシュしたパッケージが一覧表示されます。

● **UiPath Assistantでの実行**

　「Orchestratorテナントプロセスフィード」にパブリッシュしたパッケージは、そのままではUiPath Assistantに表示されません。UiPath Assistantに表示されるようにするには、Orchestratorに格納されたパッケージを

「プロセスとして登録」しなければなりません。

　以下に、Orchestratorのテナントの「Shared」フォルダーでプロセスを登録する方法を説明します。

テナントのフォルダーとして表示されている[Shared]をクリックします。

[プロセス]をクリックします。

[プロセスを追加]をクリックします。

13

ロボットの実行とOrchestratorの活用

[パッケージソース名]欄をクリックすると、パブリッシュされたパッケージ名が表示されるので、それを選択し、[続行]ボタンをクリックします。

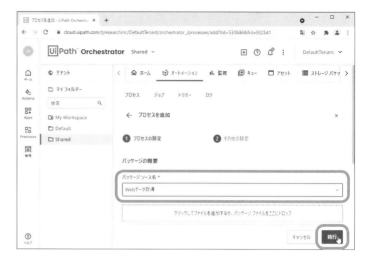

次に[作成]ボタンをクリックします。

これで、「Shared」フォルダーにプロセスが登録されました。

Orchestratorにサインインした状態で
UiPath Assistantを見ると、追加した
プロセスが表示されており、UiPath
Assistantで実行できます。

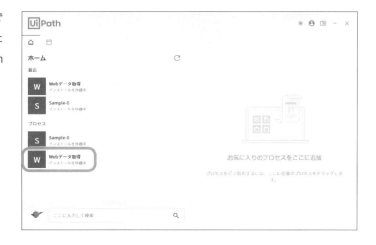

　テナントのフォルダーとして、もう一つ「Default」フォルダーがあります。「Default」フォルダーでのプロセス
登録とロボットを使ったプロセス実行は、13.3節で詳しく説明します。

13.2.3　ローカルPCへのパブリッシュ

　UiPath StudioをOrchestratorに接続していない状態でプロセスをパブリッシュしようとすると、パブリッシ
ュ先の内容が変わり、「Assistant(ロボットの既定)」となります。ここでは、UiPath StudioでOrchestratorか
らサインアウトし、第5章で作成した「Excel範囲入出力」プロジェクトを開きパブリッシュします。

図　Orchestratorに接続していない場合のパブリッシュ先の選択肢

これを選択してパブリッシュすると、次のような結果表示の画面が出て、「C:¥ProgramData¥UiPath¥Packages」フォルダーにパブリッシュされたことがわかります。

図　Assistant（ロボットの既定）にパブリッシュした際の確認画面

パブリッシュ先のフォルダーを確認すると、次のように拡張子「.nupkg」のファイルが入っています。これは、Microsoftの.NETのコード共有メカニズム「NuGet」のパッケージで、ロボット実行に関連した一連のファイルをZIP化したものです。これがパブリッシュされたプロセスの正体です。

図　パブリッシュされたプロセスの正体は.nupkgファイル

●**UiPath Assistantでの実行**

UiPath Assistantは、Orchestratorに接続されていない場合は、「Assistant（ロボットの既定）」の領域である「C:¥ProgramData¥UiPath¥Packages」を見て、そこにあるプロセスを表示・実行します。

このように、Orchestratorにサインインしているかどうかで、UiPath Assistantの参照先が完全に切り替わります。ローカル（Assistant（ロボットの既定））にパブリッシュしたプロセスと、Orchestratorにパブリッシュしたプロセスを、UiPath Assistant上で混在して表示させることは、執筆時点のバージョンではできません。

このことは、Orchestratorに接続したときと切断したときの両方で、別のプロジェクトをパブリッシュしておいて、UiPath Assistant側でサインインとサインアウトを切り替えることで確認できます。

ここまでにOrchestratorには「Sample-0」と「Webデータ取得」をパブリッシュし、ローカルPCには「Excel範囲入出力」をパブリッシュしました。

UiPath Studioと連動してOrchestratorからサインアウトしている状態でUiPath Assistantをオフラインで起動すると、下記のような表示になります。

ここで、UiPath Assistant画面の右上にある人物アイコンをクリックして[サインイン]すると、参照先がOrchestratorに切り替わり、ここまでにパブリッシュした「Sample-o」と「Webデータ取得」が表示されることが確認できます。

図　**Orchestratorに接続した状態**

なお、UiPath AssistantがOrchestratorに接続されているかどうかは、右上にある人物アイコンの左にある◎記号のインジケータが緑色になっていることで判別できます。また、Automation Cloudにサインインした状態でOrchestratorに接続している場合は、この緑色のインジケータをクリックすることで「Orchestratorのホーム画面」を呼び出すことができます（Automation Cloudからサインアウトしていても、ブラウザーでサインイン要求が行われ、そこでサインインすれば「Orchestratorのホーム画面」が表示されます）。

13

ロボットの実行とOrchestratorの活用

図　緑色のインジケータをクリックすると「Orchestratorのホーム画面」が表示される

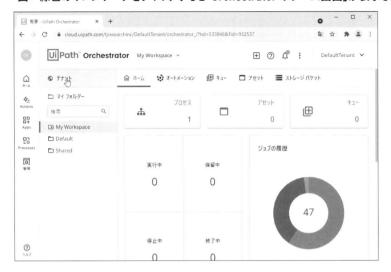

13.3 Orchestratorから遠隔でロボットを制御する

13.2節までは、パブリッシュしたプロセスをUiPath Assistantに表示して実行するという操作でしたが、Orchestratorを用いると、遠隔操作でロボットにプロセスを実行させることができます。これが本格的なUiPathロボットの運用イメージです。この設定には少々手間がかかりますが、これによって、クラウド上のOrchestratorから、ユーザーのPC上のロボットを動かすことができるようになります。

そこで、本書では無償のCommunity版で使える範囲で、これらのOrchestratorの機能をかんたんに紹介します。Orchestratorを使って何ができるのかのイメージをつかんでいただければ幸いです。

ここでは、テナントの「Default」フォルダーでプロセス登録する方法を説明していきます。段取りとしては、PCを「マシン」として認識させ、そのマシンのWindowsアカウントでUiPath Assistantが制御する「ロボット」、プロセスを実行するロボットの集合である「ロボットグループ」を登録して、Orchestratorからロボットを指定してプロセスを実行する、という流れになります。

13.3.1　Orchestratorと接続するマシンとライセンスの登録

まず、マシンとロボットの設定に必要な情報を収集します。

- **PCに対応する「ホスト名」**
- **Windowsアカウントに対応する「ドメイン名￥ユーザー名」**

これはWindowsのコントロールパネルで確認できます。

スタートメニューからコントロールパネルを起動します。

「システムとセキュリティ」の画面で、［システム］をクリックして表示される情報の「デバイス名」もしくは「コンピューター名」がホスト名です。

「コントロールパネルホーム」に戻って、［ユーザーアカウント］－［ユーザーアカウント］－［ユーザープロファイルの詳細プロパティの構成］をクリックして表示される「ユーザープロファイル」画面の「名前」の部分が、「ドメイン名￥ユーザー名」です。

これらの情報はすぐ後で設定に必要となりますので、メモ帳などにコピーしておいてください。

●マシンとライセンスの登録

必要な情報がそろったら、Orchestratorから特定のPCを「マシン」として識別するための登録と、そこで使用するライセンス指定を行います。

「Orchestratorのホーム画面」から、［テナント］をクリックします。

横長のメニューの中から、［マシン］をク
リックします。

［新しいマシンを追加］のプルダウンメニ
ューから、「標準マシンを追加」をクリッ
クします。

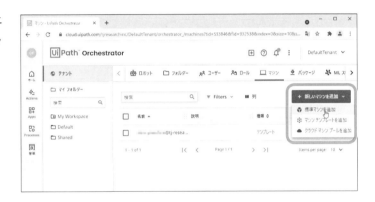

［名前］にPCのホスト名を指定して、［ラ
イセンス］には、「Unattended」のライ
センスを1つ割り当てます。
指定が終わったら［プロビジョニング］を
クリックします。
これで、指定したホスト名のマシンが登
録されました。

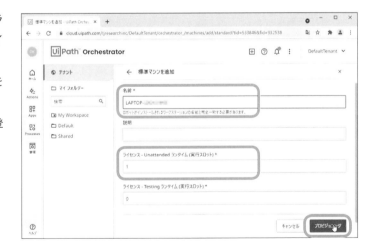

登録したマシンの右のほうにある資料ア
イコンをクリックして、「マシンキー」を
クリップボードにコピーします。

　マシンキーは、後でPCのUiPath AssistantからOrchestratorに接続するときに必要になるので、メモ帳な
どに貼り付けておきましょう。

13.3.2　ロボットの登録

　次に、登録したマシンで動かすロボットを登録します。

「Orchestratorのホーム画面」から、
[Default]フォルダーをクリックします。

上部の横長のメニューから、［ロボット］
をクリックします。

[ロボットを追加]のプルダウンメニューから、「標準ロボット」をクリックします。

「標準ロボットを新規作成」画面では、[マシン]欄をクリックすると先ほど追加したマシン名が表示されるようになるので、それを選択します。
ロボットの[名前]は、任意でかまいません（ここでは「roboto-1」としました）。

下にスクロールしてライセンスの[種類]として、先ほどマシンに設定した「Unattended」をプルダウンメニューから指定します。

その下にある、[ドメイン¥ユーザー名]欄に、メモ帳などに貼り付けた「ドメイン名¥ユーザー名」を指定し、そのWindowsアカウントにサインインするためのパスワードを指定します。そして、[作成]ボタンを押します。

13.3 Orchestrator から遠隔でロボットを制御する　285

これで、ロボットが登録されました。

13.3.3　ロボットグループの登録

プロセスを動かすロボットの集合としてロボットグループを登録します。今回は先ほど作成した1つのロボットのみ含むロボットグループとします。このロボットグループは、この後で登録するプロセスに対応付ける対象となります。

13.3.2項からの続きで、上部の横長の
メニューから[ロボットグループ]をクリ
ックします。

[ロボットグループを追加]ボタンをクリ
ックします。

「作成」画面でロボットグループの[名前]を指定します（ここでは「group-1」とします）。
そして、[作成]ボタンをクリックします。

登録されているロボットが表示されるので、ロボットグループに含めたいロボット（今回は「roboto-1」）をチェックボックスで選択して、[更新]ボタンをクリックします。

これでロボットグループが登録されました。

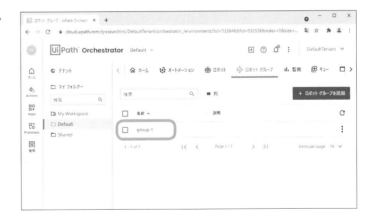

13.3.4　ロボットで実行するプロセスの登録

プロセスを動かす環境ができたので、パブリッシュされたプロジェクトをプロセスとして登録します。

13.3.3項からの続きで、上部の横長のメニューで[ホーム]をクリックします(もしくは、「Orchestratorのホーム画面」から、[Default]をクリックします)。

[プロセス]のタイルをクリックします。

プロセスを登録するため、[プロセスを追加]ボタンをクリックします。

「①プロセスの設定」画面が表示されるので、プロセスとして登録したいプロジェクトのパッケージを[パッケージソース名]欄で指定します。

ここに表示されているのは、プロセスのパブリッシュ先として[Orchestratorテナントプロセスフィード]を指定したプロジェクトです。ここで実行したいプロセスを指定します（ここでは「Webデータ取得」を選択しています）。

さらに、プロセスを実行する[ロボットグループ]を指定します。ここでは、先ほど作成した「group-1」を指定します。

指定が終わったら、[続行]ボタンをクリックします。

「②その他の設定」の画面が表示され、ここでプロセスの[表示名]を指定できます。

空欄のままでもパブリッシュしたプロジェクト名の後にロボットグループ名を付けてくれるので、今回は空欄のまま進めます。

[作成]ボタンをクリックします。

これで、「Webデータ取得_group-1」という表示名のプロセスが登録されました。

13.3.5 PCからOrchestratorへの接続

ここまでの設定で、Orchestrator上でプロセスを動かすマシンとロボットの設定ができました。次に、手元の PCとOrchestrator上のマシンを結びつける必要があります。この接続設定はPC側でロボットとなるUiPath Assistantから行います。

なお、後で必要になるので、ここでOrchestratorのURLを確認しておきましょう。まず、Orchestratorの画面で[管理]を押し、テナントのサービスの[Orchestrator]をクリックして表示されるページ(Orchestratorのホーム画面)のURLをメモ帳などにコピーします。

図　Orchestratorのホーム画面のURLを確認

このうち、Orchestrator URLとして設定するのは「〜〜/?tid」の「〜〜」の部分です。先ほどメモ帳に貼り付けたテキストから、その部分だけ切り出して(後ろの部分は削除して)おいてください。筆者の環境では「https://cloud.uipath.com/tjresearchinc/DefaultTenant/orchestrator_」となっています。これは、

https://cloud.uipath.com/ユーザー名/テナント名/サービス名

という形式になっています。このうち、ユーザー名はそれぞれの環境で異なるはずですが、その他のテナント名／サービス名の部分に関しては、特に変更していなければ筆者と同じ「DefaultTenant/orchestrator_」となっているはずです。

上記の方法でこの後指定するOrchestrator URLの情報は得られますが、参考までに、UiPathのユーザー名は、Orchestratorの「管理」画面から[組織設定]をクリックして現れる画面の[URL]にて確認することができます。

図　UiPathのユーザー名の確認

●マシンキーによるOrchestratorとの接続

それでは、Orchestratorに登録したマシンとしてUiPath Assistantを接続する方法を説明します。

UiPath Assistant右上の人型アイコン
のプルダウンメニューから[設定]をクリ
ックします。

「設定」画面で[Orchestratorの設定]を
クリックします。

すると、[接続の種類]が「サービスURL」
となっていることがわかります。これは
UiPath Assistantからサインインした
ときのデフォルトの設定です。
今回はOrchestratorに登録したマシン
として接続したいので、[サインアウト]
ボタンを押して現在の接続を切ります。

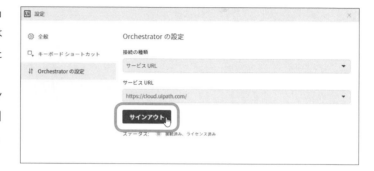

ブラウザーで「ログアウトしますか？」と
聞かれるので、赤い[ログアウト]ボタン
をクリックします(サインイン要求画面
が出ることもありますが、その場合はす
でにログアウトされています)。

UiPath Assistant画面に戻って、もう
一度、人型アイコンのプルダウンメニュ
ーから[設定]→[Orchestratorの設定]
をクリックしてサインアウト前の画面を
出します。そして、[接続の種類]のプル
ダウンメニューで[マシンキー]を選択し
ます。

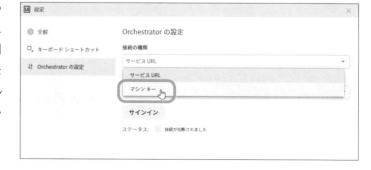

画面の内容が変わり、[マシン名]、
[Orchestrator URL]、[マシンキー]の入
力欄が現れます。これまでメモ帳などに
貼り付けておいたホスト名、Orchestrator
URL、マシンキーを指定し、[接続]ボタ
ンを押します。

ステータスが「接続済み、ライセンス済
み」と表示されたら接続完了です。

UiPath Assistant画面を見ると、テナ
ントの「Default」フォルダーに追加した
プロセスが表示されており、ここから実
行することもできます。
でも、これではこれまでのPCでのロボ
ット実行と同じです。次に、PCで
Assistantを手動操作せずに、ブラウザ
ーのOrchestratorからロボットを遠隔
操作する方法を説明します。

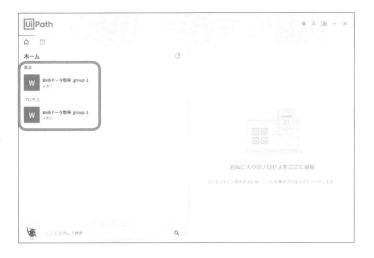

13.3 Orchestratorから遠隔でロボットを制御する　**293**

13.3.6 Orchestratorからロボットを遠隔操作する

これで、Orchestratorからプロセスを遠隔から実行する準備が整いました。その方法を以下に説明します。

Orchestratorの「Default」フォルダーの「プロセス」画面で、プロセスの右にある実行ボタンをクリックします。

すると、[実行ターゲット]として、どのロボットにプロセスを実行させるかの指定を行う画面になります。ここで、[特定のロボット]を指定し、ロボットとして今回作成した「roboto-1」を選択して[開始]ボタンをクリックします。

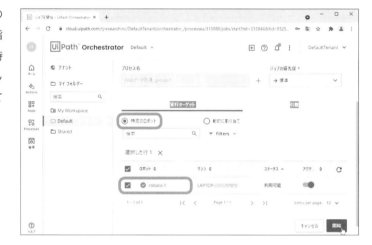

すると「コマンドが送信されました」というメッセージが表示されて、ロボットにプロセスの起動を指示したことがわかります。

Orchestrator に接続した PC では、「Web データ取得」が実行され、データ取得対象の Web ページが自動的に開く様子を見ることができます。

　登録したマシン（PC）でロボット（UiPath Assistant）が起動されていれば、ほかのどのデバイスからでも Orchestrator でプロセスを遠隔実行できるので試してみてください（同時に多数の接続や実行を行うには、ライセンスの購入が必要です）。

13.3.7　プロセス／ロボット／ロボットグループ／マシンの削除

　最後に、Orchestrator に作成したプロセス、ロボット、ロボットグループ、マシンの削除方法をまとめて示します。

●プロセスの削除

　13.3.4 項でプロセスを登録した画面で、プロセスの右端のアイコン（縦 3 つの点）をクリックして、メニューから「削除」をクリックします。確認画面が表示されるので、[削除]ボタンをクリックします。

図　プロセスを削除する

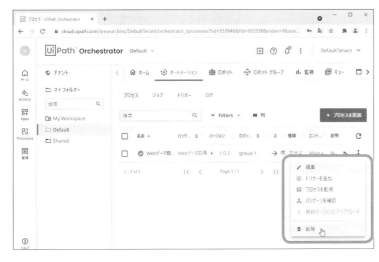

●ロボットの削除

　ロボットの右端のアイコン（縦3つの点）をクリックして、メニューから「削除」クリックします。確認画面が表示されるので、[削除]ボタンをクリックします。

図　ロボットを削除する

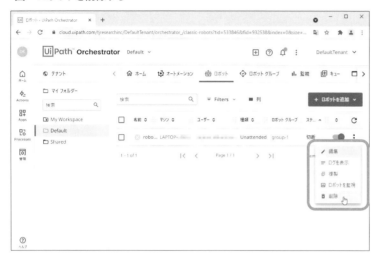

●ロボットグループの削除

　ロボットグループの右端のアイコン（縦3つの点）をクリックして、メニューから「削除」クリックします。確認画面が表示されるので、[削除]ボタンをクリックします。

図　ロボットグループを削除する

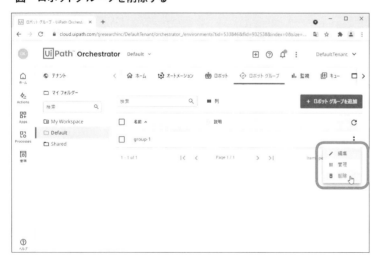

●マシンの削除

13.3.1項でマシンを登録した画面で、マシンの右端のアイコン（縦3つの点）をクリックして、メニューから「削除」クリックします。確認画面が表示されるので、[削除]ボタンをクリックします。

図　マシンを削除する

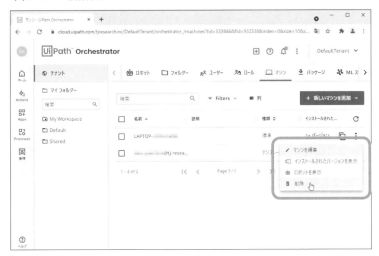

Unattendedタイプのロボットを動かすマシンでのUiPath Studioの制約

Unattendedタイプのロボットを実行するPCでUiPath Studioを起動すると、「ランタイムの種類として Unattendedロボットが検出されました。このライセンスではトラブルシューティング処理のみが可能です。」というメッセージが表示されるようになります。

図C 警告メッセージの表示

Unattendedロボットとして Orchestratorに接続したマシンでは、UiPath Studioの使用はライセンス規約としてトラブルシューティング目的での使用のみ認められています。その PCで通常のワークフロー開発を行う場合は、UiPath Assistantの「Orchestratorの設定」で、マシンキーを用いた接続をいったん「切断」する必要があります。

図C マシンキーを用いた接続を切断する

なお、マシンキーによる接続を切断するとUiPath AssistantとUiPath Studioがオフラインになります。クラウドとして引き続きOrchestratorを利用する場合は、この同じ画面で「接続の種類」が「サービスURL」となっているのを確認して「サインイン」する必要があります（UiPath AssistantやUiPath Studioから通常どおりサインインするのでもかまいません）。

13.4 ライブラリのOrchestratorへのパブリッシュ

UiPath Studio を Orchestrator に接続した状態で、第11章で解説したライブラリのパブリッシュを行うと、Orchestrator 上にパブリッシュすることができます。Orchestrator にパブリッシュすることで、自チーム内でライブラリを共有するといった使い方ができます。ここでは、その方法を説明します。

13.4.1　ライブラリをOrchestratorにパブリッシュするための下準備

ライブラリを Orchestrator にパブリッシュするには、Orchestrator 側の設定が必要です。

「Orchestrator のホーム画面」を開いて、[テナント]をクリックします。

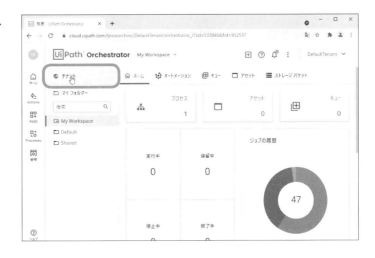

上部のメニューバーを右方向にスクロールさせて、一番右にある[設定]をクリックします。

ロボットの実行とOrchestratorの活用

次の画面で[デプロイ]をクリックします。

下にスクロールして、[ライブラリ]−[フィード]の設定を、「ホストフィードとテナントフィードの両方」に変更して[保存]ボタンをクリックします。

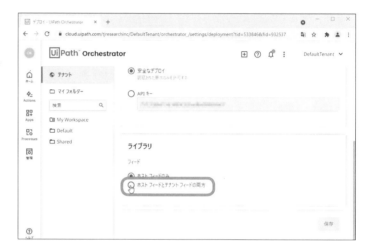

これで準備は完了です。

13.4.2 ライブラリをOrchestratorにパブリッシュする

前述の設定を行ったうえで、第11章で作成したライブラリプロジェクト「温度表記変換」を開きます（直接開く場合は、そのプロジェクトフォルダー内の「摂氏華氏変換.xaml」をダブルクリックします）。

図　ライブラリプロジェクト「温度表記変換」

そして、UiPath StudioをOrchestratorに接続して、ライブラリのパブリッシュを行うと、［パブリッシュ先］に「Orchestratorテナントライブラリフィード」という表示が追加されます。これを選択して［パブリッシュ］をクリックすればOKです。

図　「Orchestratorテナントライブラリフィード」の表示

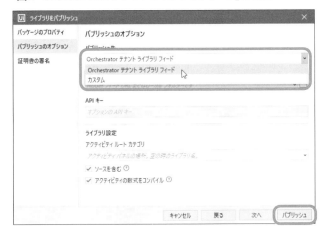

これでOrchestratorのユーザー領域へライブラリをパブリッシュできました。なお、Orchestratorのどこにパブリッシュされたのかについては、下記の手順で確認することができます。

Orchestratorの［テナント］の管理画面で、上部のメニューバーの［パッケージ］をクリックします。

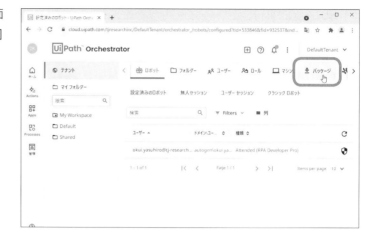

表示を［ライブラリ］に切り替えます。

パブリッシュした「温度表記変換」ライブラリが入っていることを確認できます。

13.4.3　Orchestratorにパブリッシュしたライブラリを利用する

　Orchestratorにパブリッシュしたライブラリを利用するのは、第11章でローカルPCにパブリッシュしたライブラリを利用するのとほぼ同じ手順です。

　UiPath StudioをOrchestratorに接続した状態で、デザインリボンの[パッケージを管理]をクリックして現れる画面を確認すると、左ペインの「すべてのパッケージ」の下に「Orchestrator Tenant」と「Orchestrator Host」が追加で表示されています。

　このうち、「Orchestrator Tenant」をクリックすると、先ほどOrchestratorにパブリッシュしたライブラリが表示されます。あとはローカルに保存したライブラリと同様の手順で、インストールして利用できます。詳しくは11.2.3節、11.2.4節をご参照ください。

図　「Orchestrator Tenant」の表示が増え、ここからライブラリが利用できる

索引

■著者略歴

奥井康弘（おくい やすひろ）

株式会社ティージェイ総合研究所 代表取締役
1964年 東京生まれ
1986年 東京大学 工学部卒業

　大学時代はGIS（地理情報システム）を研究する。卒業後、最初の所属企業で文書処理システム開発に携わり、1990年、文書記述言語SGMLを開発した国際標準化団体ISO/IEC JTC1/SC18/WG8（その後SC34に改編）の対応国内委員会に参加。1992年には国際会議に初参加し、技術標準化の分野で活動する。
　1997年には、W3CでのXML（Extensible Markup Language）仕様開発のメーリングリスト・グループでの議論に参加。2001年に技術評論社刊行の『標準XML完全解説（上）（下）』を執筆。
　2001年には、eラーニングの標準規格を検討するISO/IEC JTC1 SC36のワーキンググループ（WG2）の国際セクレタリーに任命されるなど標準化分野での活動を広げつつ、それまでの知見に基づいて、文書コンテンツに限らずデータ一般の構造定義・変換・システム要件定義・統計解析などのコンサルティング業務を行う。
　2020年3月、ティージェイ総合研究所を創立。
　現在、RPAを含むDX関連コンサルティング業務の傍ら、金融分野でのメッセージ標準化を検討するISO/TC68国内委員会の委員を務め、国際の場でも、ISO/TC68国際委員会のSC9/WG1（ISO 20022におけるセマンティック・ウェブの活用）、および関連するISO 20022 RMG（Registration Management Group）のPayments SEG（資金決済に関するISO 20022メッセージフォーマットの評価・承認）にメンバーとして参加している。

株式会社ティージェイ総合研究所　【URL】https://www.tj-research.com/
RPAコンサルティング事業部　【E-mail】rpa@tj-research.com

■カバーデザイン　　　　鈴木大輔・仲條世菜（ソウルデザイン）
■本文デザイン・DTP　　安達恵美子

UiPath実用入門
（ゆーあいぱすじつようにゅうもん）

ロボットにまかせて業務を自動化！（ぎょうむ　じどうか）
仕事がはかどるRPA使いこなし術（しごと　あーるぴーえーつか　じゅつ）

2021年 7月9日 初版　第1刷発行

著　者　奥井康弘（おくい やすひろ）
発行者　片岡 巌
発行所　株式会社技術評論社
　　　　東京都新宿区市谷左内町 21-13
　　　　電話　03-3513-6150　販売促進部
　　　　　　　03-3513-6166　書籍編集部
印刷／製本　昭和情報プロセス株式会社

定価はカバーに表示してあります。

◆ご質問について
　本書に関するご質問は、FAXや書面にてお願いいたします。電話によるお問い合わせには一切お答えできませんのであらかじめご了承ください。また、下記の弊社Webサイトでも質問用フォームを用意しておりますのでご利用ください。
　ご質問の際には、書籍名と質問される該当ページ、返信先を明記してください。e-mailをお使いの方は、メールアドレスの併記をお願いいたします。ご質問は本書に記載されている内容に関するもののみとさせていただきます。
　なお、ご質問の際に記載いただいた個人情報は回答以外の目的には使用いたしません。また、回答後は速やかに削除させていただきます。

◆お問い合わせ先
〒 162-0846　東京都新宿区市谷左内 21-13
株式会社技術評論社　書籍編集部
『UiPath実用入門』質問係
FAX：03-3513-6183
Web：https://gihyo.jp/book/